THINKR
新思

新 一 代 人 的 思 想

LOST IN THOUGHT

The Hidden Pleasures of
an Intellectual Life

有思想的生活

智识生活如何
滋养我们的内在世界

Zena Hitz

[美] 泽娜·希茨　著

吴万伟　译

中信出版集团 | 北京

图书在版编目（CIP）数据

有思想的生活：智识生活如何滋养我们的内在世界 /（美）泽娜·希茨著；吴万伟译. -- 北京：中信出版社，2023.12

书名原文：Lost in Thought: The Hidden Pleasures of an Intellectual Life

ISBN 978-7-5217-6132-0

Ⅰ. ①有… Ⅱ. ①泽… ②吴… Ⅲ. ①人生哲学—通俗读物 Ⅳ. ① B821-49

中国国家版本馆 CIP 数据核字（2023）第 221126 号

Lost in Thought: The Hidden Pleasures of an Intellectual Life by Zena Hitz
Copyright © 2020 by Princeton University Press
All rights reserved. No part of this book may be reproduced or transmitted in any form or by any means, electronic or mechanical, including photocopying, recording or by any information storage and retrieval system, without permission in writing from the Publisher.
Simplified Chinese translation copyright © 2023 by CITIC Press Corporation
ALL RIGHTS RESERVED

有思想的生活：智识生活如何滋养我们的内在世界
著者：　　[美]泽娜·希茨
译者：　　吴万伟
出版发行：中信出版集团股份有限公司
（北京市朝阳区东三环北路 27 号嘉铭中心　邮编　100020）
承印者：　北京通州皇家印刷厂

开本：787mm×1092 mm　1/32	印张：9　　字数：165 千字
版次：2023 年 12 月第 1 版	印次：2023 年 12 月第 1 次印刷
京权图字：01-2023-5831	书号：ISBN 978-7-5217-6132-0
定价：48.00 元	

版权所有·侵权必究
如有印刷、装订问题，本公司负责调换。
服务热线：400-600-8099
投稿邮箱：author@citicpub.com

献给
我的父母和兄弟

目 录

前　言　　洗盘子如何恢复了我的智识生活

引　言　　学习、休闲和幸福

○好学　○目的、手段和终极目标　○休闲
○休闲、消遣和幸福　○精英主义幽灵

第一章　　世界的避难所

○世界　○书呆子的逃离　○追求内在性的形象
○内在性、深度与自然研究　○逃往真相　○禁
欲主义　○难题：压迫真的必不可少吗？　○究
竟为了什么？　○学习的尊严　○社会共同体和
人类的核心　○引发矛盾感受的文学与共同基
础　○为学习而学习？

第二章　　失而复得的学习

○智识生活与人类内心　○智识生活显而易见的

目录

无用性 ○蒙蔽双眼的财富 ○财富的两面性 ○渴望出人头地的强大腐蚀力 ○依靠哲学修炼获得心灵救赎 ○猎奇和浮华生活 ○严肃认真的美德 ○依靠艺术品获得救赎 ○野心与艺术品

173 **第三章　　无用之用**

○积极生活的诱惑 ○费兰特论述政治抱负和野心 ○堂吉诃德式的正义之爱 ○没有书的生活 ○内在世界的用途 ○自由和志向 ○学习的世界 ○观点化的大学与观点领域 ○恢复我们的人性

223 **结　语　　普通知识分子**

229 **致　谢**

235 **注　释**

前言 洗盘子如何恢复了我的智识生活

因为智慧比珍珠更美,一切可喜爱的,都不足与比较。

——《圣经·箴言》8:11[1]

人到中年，我不知不觉地意识到，自己身处安大略东部的一片树林中，生活在一个与世隔绝的天主教社区，它叫"圣母之家"。我们依河而居，冬天河水会上冻，形成一片平坦的冰面，在解冻和再次结冰时会水雾弥散。到了夏季，水温升高，可以游泳或乘船穿过茂密的水草，这样荒凉而空旷的河谷景观便尽收眼底。由于社区里的人们推崇朴素的生活，我们的生活也极其简单、贫困和隐蔽。我们在集体宿舍里睡觉，用水很节约，穿着捐赠来的衣服，吃的蔬菜除了当季的，就只能是储藏在地窖或冰箱里的。

我们的工作多种多样，而且大家也都会听凭安排。我曾经烤过一段时间的面包，整天围着变化无常的酵母和炉火忙得团团转，工作一天后，我便蓬头垢面，身上沾满了面团、面粉，还有灰尘。之后，我去了手工艺品部门，维修家具，修复书籍，整理材料，以及为节假日庆典装饰场地。我开玩笑说，自己被调教成了19世纪的家庭主妇。后来，我被分配到图书室工作。再后来，我又做了很长时间的清洁工，还为社区的礼品店鉴定捐赠的古董。我做的工作特别寻常普通，打扫房间、洗碗、种菜、除草、收割蔬菜。就像许多这样的社区一样，我们经常更换工作，以致几乎没有人能完全认定做同一份工作。这有助于人们把工作视为服务的形式，而不是让自己获得成就感的方式：才能和兴趣虽有价值，但终究是无关紧要的。当然，这些所谓的"工作"和基本生活方式都不是我过去20年来期盼的。从17岁开始，一直到我38岁去了加拿大，这么多年来，我的全部时间都在大学里度过，刚开始是作为学生，后来我成了研究古典哲学的教授和学者。

我过上专业知识分子的生活，根源于我的童年。从记事起，我就与各种各样的图书为伴。在我们居住的那栋维多利亚时代的房子里，书籍不仅堆满了我的卧室地板，也摆满了墙上那些脏兮兮的书架。哥哥教我读书，也激发了我读书的兴趣。父母也喜欢书、文字和各种观念，但他们没有接受过任何专业培训或引导，只是业余爱好者。出于众多广为人知的原因，20世纪70年代的旧金山是个奇怪之地，但它对闲暇是有基本保证的。我是到了如今这个快节奏的时代，才明白这一点的可贵之处。阅读和思考本身就是种享受，而前往北加州的石滩或茂密的山林里远足郊游时也可以不带任何目的，无须任何专业技能和昂贵装备。一项活动如若能让你享受到与他人交往的乐趣，就可以说是成功了；这样的活动包括和他人一起制作不拿去售卖的艺术品和工艺品，以及在篝火旁演奏只有身边的人才有机会欣赏到的音乐。

天然食品优于加工食品，这是个难以接受的事实——除非被逼或者被哄骗，我才会尝一下角豆、啤酒酵母或不太好喝的药茶。但是，我不需要他人劝服就发现了学习的乐趣。家人喜欢就一些事实问题进行激烈的争论，在场的其他人不知道他们到底在讨论什么，例如，世界纪录和死亡人数统计，生物的正确分类，以及月食的性质。这些问题只能在词典、百科全书或年鉴中找到答案。但是，这些答案也从未完全令人满意，因为我们在这些参考书中发现了引起进一步讨论和争论的信息。我们寻求或获得的每一条知识都没有任何实用目的。

我和哥哥痴迷于野生动物，尤其是海洋生物。我们认识所有17种企鹅，并且了解鲸的饮食习惯。肥硕的海狮有时会出现在本地的海滨，可供我们近距离观察；无法实地观察时，我们就以阅读或是参观本地的科学博物馆来代替。我们能通过鲸的骨骼来研究我们喜爱的海洋生物，而在厚玻璃围起来的海豚池外，我们只要按下旁边的按钮，就会回放海豚的录音。我们收集了大量毛绒玩具，把它们组成一个政治团体，并且选出一头小海象作为首领。我们为它们制定宪法，编写国歌，当然还讲述它们的故事。我们会想象自己进入动物的生活中，将动物和人类的能力融合起来——孩子们总是这样做。

在海量事实和奇思妙想的背后，隐藏着更大的问题。人是什么？看得见，能感知，会游泳，还会吱哇乱叫，就能算得上人吗？我们是自然的一部分，还是超脱于自然之外呢？在一次野营途中，我和父亲曾在山涧旁一片巨杉的树荫下，坐在岩石上探讨过这个问题。看起来很不可思议，我们仿佛与身旁的树木、流水以及岩石融为一体。人类以某种方式超越了自然，然而就连孩童都知道，终有一天我们会停止呼吸，一切都在重力、阻力、腐烂、发酵的作用下分解，肉体终究会被动物啃食，最后化成污垢、烂泥和尘埃。

我的家人没有把智识活动和思考作为达到目的的手段。他们并不觉得自己是在为生活做准备，而是认为这是一种充实生活的方式，本身就有其价值。因此，当我离家前去东海岸的一个小型文理学院研究古籍和人类基本问题时，他们并没有觉得很惊讶。那是一所世俗学校，却起了一个极具宗教意味的名称，叫圣约翰学院。父母没有问我研究史诗或古代植物学论著有什么用，也没有问我这样是否能帮助我在这个世界上找到属于自己的道路。这并不是说我的选择是命中注定，像我哥哥就一直在孜孜不倦地专攻生物化学。但是，我既不需要敦促，也不需要鼓励，就选择了学习文科。在众多道路中，这种教育的价值对我们来说是显而易见的。

我的学术生涯的最初阶段，是伴随着不寻常的成长与兴奋开始的。我对这所学院可以说是一见钟情：河边垂柳倒映在水面上，斜坡长满绿草，非常适合夏季滑草和冬季滑雪。殖民时期的红砖建筑深深地吸引着我，同时也让我深感惊讶，因为我来自一个没有砖房、地震频发的地方，头一次见到这样的建筑。看到构造简单的教室，我立即放松下来，每间教室都配备一张大木桌、老式藤椅和弧形黑板。我们的课程不按议程推进，同学和老师可以随时把问题带到教室现场，大家一同讨论。因此，我们之间的讨论可能会因大家不感兴趣或自己准备不充分而陷入僵局，可能会一个人长时间发言而其余的人却一直默不作声，也可能会提出新洞见，调动起大家探讨的兴致。这种真诚的方式打动了我：原著的内容是什么样，我们提出的问题是什么样，讨论者的状态是什么样，我们的讨论就是什么样。这里不会用人为的方式使讨论看起来更清晰，或是强行让讨论变得更有条理，以减轻思想碰撞所产生的不适；这里也没有设置缓冲地带来帮我们应对探索时面临的困境与危险，或是得到新发现时的狂喜。

我们的研讨会在晚上举行，有时边走边探讨，有时在广场上甚至在酒吧里讨论。周五晚上正式的讲座结束后，有个不限时的问答环节，有趣的话题和活跃的对话氛围会让我们讨论至深夜——演讲者已精疲力竭，可学生们还意犹未尽。（如今这些夜间活动仍在持续，但我说的是过去，是我最初参加的时候。)

我们都认为读书对生活很重要，但是我们对生活知之甚少，因此我们对生活的认真思考在成熟的人听起来必定很可笑。每本书都与其他书有联系，而在语法或几何学里，即便是最细微的技术细节也都充满了浪漫情调和意义，要想清楚地把这些表达出来反而会显得很笨拙。我们喜欢洞察的感觉，却缺乏实际体会。然而，可能是为了让我们成熟起来，老师与我们交流时会让我们的想法显得好像很重要；他们把我们当作自由的成年人，认为我们能做出重大选择，也能在最困难的问题上做出自己的决定。

在数学和其他科学方面，我们的探究方式特别标新立异，也特别令人兴奋。我们研究数学家和其他科学家的著作，尝试他们的实践或实验。因此，我们将数学思想和其他科学思想视为人类的一种努力，而不是一套需要死记硬背的既定事实，或者一种由身份不明的权威认定其必要性的预制技能。事实证明，数学和其他科学技能是作为达到目的的手段、理解的途径、解决实际问题的方法或思考的工具而发展起来的，它们就像游戏形式或美术风格一样千差万别。那些所谓的"既定事实"则两者都不是：它们是临时真理的浓缩版，在下一代理论中部分被保留，部分被摒弃。

我在单纯和自然的大学生活中茁壮成长，一门心思专注于阅读和对话，执着地探究人类的基本问题，相信思想活动的价值在于探索而非成就。我记得在大学一年级的时候写过一篇关于《俄狄浦斯王》的文章，发现（对我来说的）新见解时，我欣喜若狂。我在春天嫩绿的树林中漫步，心醉神迷地思考一些事情。不知何故，我知道我找到了未来生活中必不可少的一部分。

毕业后，我的许多同学把他们以为无用的文科教育从象牙塔中带了出来，投身于政治、法律、商业、新闻和非营利组织领域。他们有的创办学校，有的成立律师事务所，有的进入公司董事会，有的进入《纽约时报》报社，有的加入国际非政府组织，有的则成了美国政府高官……换句话说，他们发现，为了学习而学习，虽然没有明显的成果或让人得到很高的声誉，却会对达到其他目的起到巨大作用。后来，在幸运女神一连串的眷顾下，我得以在人才济济的学术界栖身。在经历了最初的挣扎之后，可以说我在学术圈混得还不错。但是，我的成功也为我在此后数年间对学术生活逐渐产生幻灭感播下了种子。

起初，研究生院的生活也让我异常兴奋。我在那里学到了古老的专业技艺，它们是伟大著作及其对人类基本问题的回应的基础：学术研究、评注和阐释。通常情况下，只要觉得人数足够，我在古典哲学领域的同事、教员和研究生就会聚集起来参加非正式的读书小组活动。我们围桌而坐，面前堆着古老的书籍。我们分享自己的疑惑，提出自己的想法。我找到了本科时的那种诚实而自发的讨论氛围，同时也看到了更多深入的细节。我对复杂的希腊语语法产生了兴趣。我找到了在图书馆做研究的方式，这至今仍是我的一大乐趣来源：在日光灯的照耀下，我在迷宫一样的书架间搜寻各种资料，查找各种文献。当我踉跄地走到陌生的角落时，我总会发现一些具有启发性或有趣的东西，有时两者兼有。我了解到分析哲学里有令人愉悦的思考训练，在这种思考训练中，任何形式的主题都会得到考察和辩护，并且最终几乎总会遭到反驳。我意识到散布各地的学者和教师都是一项超越历史的宏伟国际工程的一部分，这项伟大工程旨在保留学问的火种，将人类的知识代代相传。在从研究生逐渐成为年轻教授的过程中，我慢慢发现，业余爱好者提出的关于人的问题，对学者来说总是最适合作为出发点的问题。

在研究生院，我还开始了一种截然不同的训练，它与前一种训练被不可见但牢固的绳索绑在了一起。从与老师和同学们的日常交流中，我学会了如何在学术界错综复杂的社会等级体系中探索。我明白了应该钦佩什么样的人，应该鄙视什么样的人。得知谁"出局"，会让人觉得自己是"局内"人——当然，这种评判活动的冷酷无情和无所不在，说明我自己那点有限的成果也脆弱不堪。因为听说针对学界失败者的嘲讽和拒绝，加上自己的亲身经历，我逐渐产生了一种恐惧感：我害怕被老师和同学们判定为还不够优秀。像许多研究生一样，我学着疯狂地审视他人的行为，以便找到逐渐得宠或者失宠的蛛丝马迹。几乎和所有人一样，我确信面临着失败危险的只有自己，其他人则都能信心满满地顺利渡过难关。

当然，这种对失败的恐惧感也会有糟糕的一面，即渴望在名利场中获得成功，证明自己和别人一样优秀，甚至比别人更优秀。我刚进研究生院时做过一个非常形象却又奇怪的梦，这个梦与我之前做过的梦都不一样。我梦到一位我非常敬仰且非常认可我的老师，这位老师身着学术礼服，正在组织一场以友善为主题的研讨会。（这个梦境很独特：研讨会在我中学的体育馆里举行，但体育馆增设了巨大的自动扶梯。）在梦中，我问他：您在学术界已经有这么高的声望了，为什么还在乎友善？他面带惊恐地转向我，抓住我的胳膊，把我拉出去，然后问我是什么意思。我又重复了一遍我刚才的问题，他用强调的语气告诉我："我在意友善，我真的非常在意，我想得到他人的爱戴……想得到他人的尊崇……"——他的嗓音突然间变得很低——"想要受人敬仰。"

我立即把这个梦告诉了同学们，当然，这梦对我和同学们来说都非常有趣。但它包含了一种我在清醒时无法忍受的基本洞察。这也许是对我的老师的洞察，但更可以肯定的是对一般学界生活价值观的洞察——至少适用于某些院系，至少适用于我自己的经历。说我们是在寻求地位和别人的认可，这听起来比实际情况轻描淡写多了：我们为了获得自己想要的东西，不惜牺牲别人的利益。例如，我们看到学界热衷于批斗他人，就像一种公开的羞辱仪式，而我们自己也开始在这样做时感到兴奋。一篇尖刻的书评，讲堂后排一声激烈的反对意见：这些都是成功的秘诀，它们不仅残酷，而且恰恰因为残酷才成功的。我们怀着敬畏看待这些事情，似乎在心照不宣地承认它们的确不人道。我们带着一种病态的心理，既认同以公开的羞辱行为来竞争，又视学术为真正崇高的殿堂。因此，这些角斗的胜利者披上了某种光环，使人趋之若鹜，众星捧月。享受这种偶像崇拜，作为明星而广为人知，这正是我们自己的渴望。对我们来说——或者更确切地说，对像我这样不足以从心底抵御诱惑的人来说——这才是最重要的。

不得不说，我没有多想，也没有瞻前顾后就投入了这场残酷的名利争夺战中。起初，我缺乏必要的专业技能和素养，无法应付裕如；但没过多久，我就如鱼得水，既能在流言蜚语的海洋里畅游，也能在图书馆的书架间自如穿梭。闲谈八卦与学术讨论并不总是泾渭分明，这帮助了我。我们可以在彻夜不休的哲学对话中自然而然地彰显优越感。我们回家休息之后，又会继续讨论。过了几年，我心中那根将追名逐利的欲望和脚踏实地的真正学习过程捆绑在一起的隐形绳索才开始松动。我的余生也随之不再受到束缚。

到2001年，我已经在三所不同的大学读了五年研究生。那时，最初的彷徨和冲击已经远去，我沉浸在学术成功的喜悦中，置身于智识生活的环境里，可以和朋友讨论任何话题。学术研究的快乐与在声望和地位上所取得的成就交织在一起，它们就像两株植物紧紧缠绕在一起生长，哪怕是开出的花也依偎在一起，难分彼此。9月的一个早晨，我像往常一样穿过一条绿树成荫的小路走进校园。在路上，系里一位工作人员告诉我一则惊天大新闻，我于是停下来，准备先去学生中心看电视。到那里时，我看到了屏幕上世贸中心的现场影像，双子塔楼都在火光中。我坐下来，看着屏幕下方滚动的实时消息，试图理解到底发生了什么。几分钟后，其中一座塔楼轰然倒塌，化为废墟。新闻直播间霎时寂然无声。

在大学实验室做的一次实验中，我曾不小心碰到大量静电。一切仿佛都停止了，然后又重新开始，好像有人按下了我身上的重置键，我宛若一块磁性画板，上面精心绘制的图案瞬间化为一片灰色的空白。世贸中心的第一座塔楼倒塌时，我的感受也是如此。我身上的一切都仿佛停止了。在震惊和茫然之中，我产生了一个坚定的想法：我必须放弃哲学，**做点实事**；我必须走出图书馆，进入实际行动和国际事务的世界，但是，除了口号和标语之外，对这个世界我一无所知。

这场爆炸立即带有了国家民族层面的意义，我没多想就接受了这层意义。在当时，人们很容易就会相信这一事件具有特殊性质，同时也相信受害者本身具有特殊性，而当时的我也是这样想的。但是，民族主义的冲动弱化了这些事件对我本人真实而可察觉的影响，这是我在下意识地尝试把这令人不安且不祥的感受正常化与控制住。新闻在使我悲伤的同时，也让我产生了不同寻常的善意。我记得，看到有人在校园里掉落了一些文件夹，我立刻冲过去帮忙，当时那个人的需要显得比其他一切都重要——尽管这件事微不足道，但不知为什么，它对我来说意义非凡。在那段时间里，我能看到人们的伤痛写在脸上：悲恸欲绝，面容憔悴。我发现我和家人朋友的交流更坦诚直接了，他们对我也是如此。这种新的感悟和动力给我留下了深刻的印象，它们也让我困惑不解。我记得当它们消退时，我发现自己居然希望有其他可怕的事情发生，以帮助我重新找回当时的感觉——然后，我当然对自己产生了厌恶。

过了几个月，这些一反常态的同情心和想要帮助他人的冲动才渐渐消退，我又像往常一样只关注自己的世界了。但是，我在相当长的时间里都对学界生活感到幻灭。我感觉自己属于一种更广泛的人类群体，而非只是学者群体的一员。研究哲学和古典学的意义是什么？面对充满苦难的世界，它能为我们的生活带来什么影响呢？众所周知，学术界是真正与世隔绝的，这帮不了我。来自外界的事件和想法是通过一个狭窄而形状怪异的大门进入这个圈子的，因此我们对这些事件和想法的感受就像是被预先处理过的。我渴望获得更广阔的体验，以自己的方式去理解事件。

我尝试探索其他职业道路，如人权工作或政治领域的工作，但这些工作让人感觉很不舒适，因此，我知道它们都不适合我。由于没有找到明确的前进方向，我决定继续我的学术生涯，只是稍微改变了一下论文主题。我之前的课题探讨的是古代人在自我认知方面的观点，现在这个课题对于我来说已经味同嚼蜡，没有继续研究下去的价值。我转而研究更"关切现实的"主题，即古代人对民主的评论。危机仍未解决，不满的感受在我心中形成了一条宽阔而冰冷的河流，它会露在地表上一段时间，随即潜回地下，在我意识不到的地方汩汩流淌。

到底是什么激起了我的不满？是我突然对自己的精神生活不满意吗？还是我无意间瞥见了学术殿堂里的镜子，我曾不假思索地就允许它塑造了我的思想和感觉？在我众多复杂的道路中，哪一条是自私而狭隘的道路呢？我在很长一段时间里确信智识工作只有在对"真实"事件产生影响时才有用。但回顾过去，我可以清楚地看到，那些拯救世界的人和改变世界的人，尤其是在大型国际机构工作的人，比声名显赫的学者更受尊重。因此，有一段时间，我可以想象自己不再继续徜徉在书本和思想中，而是在社会的游戏规则中获得加分。当然，我那时并不这么认为。这是我第一次深刻怀疑自己的存在和生活方式，开始了一系列与自我进行的无意识的讨价还价。

从短期来看，这场危机中断并玷污了我看似完美的学术成就。当我改换学位论文主题时，几年的辛勤劳动白白浪费了，我不得不抓紧时间赶进度。我当众发表见解的能力不再可靠，失去了原有的光彩，暴露出了我现在是多么缺乏自信。通往成功的道路似乎并不平坦，会遇到挫折。尽管如此，在2008年的经济危机开始前不久，学术就业市场仍相对稳定时，我还是在美国南方一所大型大学得到一份终身教职。

拿到学位之后，我稀里糊涂地来到了一个完全陌生的新城市，这里的大学对橄榄球的狂热超过任何其他领域。街道宽阔，四通八达，几乎常年阳光灿烂。高矮不同的花木——山茱萸、山茶花和杜鹃花——给公园和花园更添一份美感。旁边还有大片铺有沥青地面的停车场，有意无意地装扮着购物中心。在东海岸生活多年之后养成的情绪急躁的毛病在这里找不到发泄的出口，因此，这种情绪不断与当地节奏缓慢、悠闲和知足却又长久不变的生活氛围相抵触。

相较于读研究生期间的任务，我那时的工作更简单，要求也更少些。每天我都有大把的闲暇，无聊和孤独如迷雾般弥漫在我的空闲时光里。在极度焦躁不安的心绪中，我到当地社区做志愿者——在扫盲计划中当家教，去收容所看望垂死的病人，或者去难民安置中心工作。这种面对面的服务就像在干海绵上滴一滴水，杯水车薪，无济于事。

我和一个60多岁的工厂工人成了朋友，她只读到八年级。要不是因为喜欢和痴迷于英语语法结构，她才不会学习。她告诉我说，她也像我一样出于寂寞和无聊才做家教。在难民中心，难民们隔着厚厚的玻璃，等待登记检查或者与能处理他们入境文件的人交谈。我被指派去整理在其他地方复制的收据等文件——这和我之前做过的其他工作一样毫无意义，却能让我感受到内心的平静，连我自己都解释不清究竟是怎么回事。

我从小到大都没有信仰过宗教，可能也就是在这个时候，我偶然间认定自己应该信仰一种宗教。我尝试信仰了几年家传的宗教——犹太教，但没有父母或丈夫陪我一起实践，我找不到领悟其深层次内涵的正确方法。我去过一些传统的基督教会，不知不觉中按社会地位给各大教派排了序，并在这张无形的清单中从上往下考察。有个教会以橄榄球布道为特色；有个教会里挤满了明显富有的人，但这些富人并没有表现出宗教热忱。这两个教会给人的感觉都像社交俱乐部，人们在此可获得优越感或舒适感。对此，我很反感，尽管我从根本上讲对社会优越感也是有兴趣的——或许正是因此我才产生反感的。我想要一些不同的东西，新的东西，虽然我不知道它是什么。

一个星期天，我参加了当地天主教教区的弥撒。我进去时，教堂里几乎一片寂静，微弱的阳光洒落在雕像上。在我周围的长椅上坐着来自各个种族和背景的人——有的带着家人，有的独自一人，还有的跪在地上静静地祈祷。我突然意识到，这些似乎毫无关联的人聚集在同一个房间里，并没有什么特别的理由。每个人都是独立的个体，却出于某种无形的、我也无法理解的原因团结在一起。我立即决定开始信仰天主教。我参加了教区的皈依者培训课。2006年，在天主教复活节前夜举行的漫长而盛大的礼拜仪式中，我接受了洗礼。

从某种程度上说，我遭遇了五年的存在危机。起初，我并没有将其与我在宗教信仰上的兴趣联系起来。接受洗礼之后不久，我搬回东部的巴尔的摩，在一个新的教学岗位任职。我到那里不久，这个城市显而易见的贫穷和苦难就再一次动摇了我坚守学术事业的承诺。我参观了城中偏僻地区的教堂，这里的街道上满是碎玻璃，窗户是用木板钉上的。不像大多数美国大城市故意用警戒线隔开贫穷社区，在这里，在每一片繁荣发展的新社区背后都隐藏着大片无尽延伸的荒凉和破败景象。在巴尔的摩，要想隐藏贫困景象或其带来的后果，这是根本不可能的。我以前以为那种异乎寻常的苦难几乎总是出现在其他地方，如今却发现苦难似乎已经紧紧地围绕在我的身旁。

在新信仰的影响下，我内心的紧张感越来越强烈，仿佛无边无际，并成为一把尖钩，挑起潜藏在内心深处的痛苦。我开始意识到，人类的苦难并不仅仅局限于特殊事件，也不可能仅仅依靠改变某些特定的政策就能结束。我们没有必要等待灾难降临，因为灾难本来就无处不在，正如制造灾难的罪责也无处不在一样。苦难具有强大的力量，并且会永远存在。耶稣在世界中心被钉上十字架之后，痛苦散布在世间的各个角落。我试着不再像一直以来习惯的那样无视别人的痛苦，开始寻求和揭露这些痛苦，并强迫自己经常与之接触。

我对自己的工作以及生活重心产生了挫败感，这种挫败感的广度和深度都在不断增加。抬头环顾外面的世界，我看到了巨大的痛苦和混乱，对此，我却无能为力。更进一步看，我的学术生活的浅薄之处逐渐暴露得一清二楚。我要么以别人的利益为代价来提升自己的表现，从而获得认可或地位，要么在我们的小团体中和同事们彼此确认我们的优越感——把自己与愚蠢无知者、道德败坏者、作恶多端者和丑陋不堪者区别开来。我记得，有一次我参加了一个有很多人在场的学术晚宴，当我们提到生活的核心价值在于享受美酒和欧洲之旅时，我的良心突然感觉到些许不安。

到了此时，我对用金钱、地位和特权来奖励我的学术成就已经司空见惯。在此过程中，我的关注焦点在不知不觉之间已经发生改变，更加注重研究的结果而非研究本身。我已经丧失了对一个话题进行自由思考和开放性思考的能力，我更担心的是可能会丧失自己在学术界和社会中好不容易得来的地位。我只着眼于自己狭隘的研究课题，不愿意放任自己广泛地阅读和反思其他东西。我和同事们尽可能频繁地前往异国他乡开会讲课，以寻求在国际学者圈里获得明星大腕的地位和崇高威望，积累在名牌大学和顶尖期刊讲学和发表论文的资历。我游览了里斯本、伦敦和柏林，参观了博物馆，欣赏了歌剧和歌舞表演，纵情享受和品味各地美食。这些习以为常的快乐享受与隐蔽的苦难世界对我的吸引之间的紧张关系也随之加剧。

相比之下，随着参与越来越多的志愿服务活动，我在外界遇到了各种各样的有趣陌生人，他们生活在中产阶级习俗的约束之外。我在当地公教工人*教堂结识了一对夫妇，

---

* 公教工人（Catholic Worker），美国和加拿大的天主教平信徒组织，提倡个人修身，奉行和平主义，在各地办有贫民收容所和农耕公社。——编者注

几十年来，他们一直在特别偏僻的社区为邻人提供食品和服务。还有一对夫妇退休后住在一所农村监狱附近，接待前来探监的囚犯家人。我和一位4英尺*高、意志坚定的修女一起做志愿者，女子监狱的烦琐规定在她的权威面前统统化解，让朴实的爱得以传递：她会提供衣服和洗漱用品，或者谈心和祈祷。我还遇到过一些年轻男女，他们离开有前途却乏味的职业岗位，与他们能找到的最贫困者生活在一起，依靠小额的捐款维持生计。其他年轻人也加入他们的队伍，渴望找到一种生活方式来替代自我感觉良好的中产阶级生活。一次偶然的机会，我在证券交易委员会遇到了一位律师，他在每周工作开始前会自愿前往特蕾莎修女开办的临终关怀中心值夜班。这些人都不太出名，也不太被人看重——我是通过努力参与志愿者工作，再加上幸运女神的眷顾才发现他们的，而不是通过宣传得知他们的。他们在隐蔽的角落里工作，并不为大众所知晓。

尽管有这些经历，但我仍然是一名大学教授，在大教室里给学生们讲授柏拉图、亚里士多德和当代伦理学。当代大学针对本科生采取一对多的教育模式，老师不知道每个学生的名字，这与我在志愿者工作中或特殊人群工作中一对一的单独交流模式有很大不同。实际上，我觉得在课堂上和教

---

* 1英尺约合0.3米。——编者注

学中，我是最容易筋疲力尽的。为了拿到令人满意的薪水、得到优厚的福利以及充分掌控工作内容，我在一大群人面前讲授预先整理好的知识，他们如果掌握了这些知识，我就会给出高于平均水平的成绩。教学虽然是我职业生涯的中心活动，但似乎与让学生时代的我着迷的那种充满活力、合作追求思想碰撞的情景完全不同。我仍然过着有思想的生活，但它在我作为学者工作和合作的生活中只能在一个偏僻的小角落里波澜不惊地涌动，我的学生很少能明白这种心境。我还在上学时就养成了思考习惯，会喜欢上某些段落，清楚什么是好的问题，也能本能地把握一本书或一首诗的关键内容。我曾和老师们一起学习阅读、思考和感受的方法，得以近距离地模仿他们。他们知道我是谁，我也知道他们是谁；这种亲密关系使他们能更妥当地表达对我的鼓励和批评。而我的学生能从我身上学到什么呢？我不得不说，学到的知识不多，也未必总能学到东西。这并不是因为我不认真或不尽力，而是因为学校的制度安排和基本要求让我觉得有效的学习方式几乎根本无法实现。只有极少数学生会打破这种匿名学习机制，选择与老师面对面合作，单独接受指导。

我把心中堆积已久的不满带到教会中，这里丰富的资源有助于自我审视和个人成长：祈祷和圣礼，并辅以静修、精神指导和天主教心理治疗。我花费了几年才意识到，我的这种新的奇特爱好——信奉一种宗教——也许有力量让我依靠工作消除烦恼，让生活变得更有意义一些。

我了解了天主教徒所说的"发现天命"的过程，即通过祷告和默观，等待上帝揭示一个人最深层的动机，从而让其生活显现出清晰的轮廓。我一直确信上帝希望我做一些不寻常之事，因此不会让我做出和普通信徒及等待圣召者一样的牺牲。我想我可以居住在贫困社区，成为一名天主教无政府主义者，或在我的客厅里教当地人学希腊语和拉丁语。我可以嫁给志同道合者，养育信仰无政府主义的孩子，他们会帮助我与邻人一起建立社区。当我自问收入从何而来时，我竟无言以对。谁会支持这样的生活？但我还能做什么呢？虽然我在旅行中目睹了许多种了不起的生活方式实验，但似乎没有一种生活方式适合我。

随着多年的不满情绪持续发酵，这种不适变得让我越来越难以忍受。我开始观察宗教生活，即修女或女教友们的生活，试图面对自己以后可能面临的终身孤独和没有子嗣的痛苦前景。我首先去拜访了瑞士的修女社区，这是为了丰富教会中女性的智识生活而新创立的一个社区。该社区在理论上十分完美：有优秀的神学理论，有漂亮的礼拜仪式，还有（对我来说）极具异域风情的地理位置。每天我去拜访她们都会感觉很痛苦，至于具体是什么原因，我自己也说不清楚。直到一个下午，我独自在小镇上闲逛时看到西部联合公司，发现贫困移民都聚集在这里做生意，我的心里才放松了些。我忐忑不安地离开了，接着又去拜访其他社区。但后来这些社区都不如我拜访的首个社区在表面上看起来那样完美，我也没有看到痛苦有望得到改善的任何迹象。

我参观完名单上的所有社区之后，决定加入瑞士社区，勇敢面对未来的不幸。当我向精神导师解释我的决定时，他强烈建议我不要故意选择这种悲惨的生活。他善意的忠告却让我异常愤怒。我离开他的办公室，"砰"的一声关上门，前往街道对面的教堂参加周日弥撒。我在长椅前跪倒，内心对自己的处境感到愤怒。我对遇到的修女感到不满，对自己缺少机会感到不满，对我那显然没有一点同情心的精神导师感到不满。在开场的赞美诗和最初的朗诵声中，我一直怒火中烧。执事开始诵读福音书，读的是"八福"，那是耶稣在山上布道时讲的内容，宣告虚心的人、哀恸的人、温柔的人、饥渴慕义的人、怜恤人的人、清心的人、使人和睦的人和为义受逼迫的人是有福的。我突然想到曾经结交过的一个宗教团体，不过我此前轻蔑地视之为我不得已的最后选择：圣母之家——贫穷、简陋、乏善可陈，而且缺乏思想资源和机会。我感到人生的拼图开始完整。我突然明白，我不能只过有思想的生活，把爱邻人仅仅当成一种爱好。我之前做事的方式完全错了。我必须做的是爱邻人，然后找到能体现这一点的智识生活模式。为此，我必须把爱置于一切之上，这种爱的形式曾被冠以冷冰冰的名字"慈善"。我禁不住泪流满面。

我在恍然大悟的那一刻，感觉就像被箭射中一样。尽管我被完全合理的担忧所困扰，但没有什么能动摇我离开学界的决定。我又花了一年时间，一边焦虑不安，一边磨磨蹭蹭，整理出版我的最后一本书，完成剩下的教学任务之后就离职了。我卖掉了车，把家具送给别人，把书放进储藏室，与朋友们道别，我想或许彼此永远不会再见面了。一方面，做完了这些事之后，我比过去几年更轻松、更快乐了；但另一方面，一种恐惧感又萦绕在我的心头：搬进教会社区之后，我感觉就像把自己扔进没有救生筏的深海中。

在加拿大社区生活的三年里，一座不错的图书室和一些饶有趣味的对话便是我智识生活的全部了。当然，我偶尔也能收到学界朋友送来的关怀大礼包，里面塞满了各期《纽约客》以及影印的哲学论文。我所能做的就是过一种充实而平凡的生活：干活，服务，交友；享受大自然里的悠闲；感受冲突、挫折和痛苦；游泳，制作手工艺品，或在唱诗班里唱歌，参与散发光辉、精心准备的礼拜活动。

在这个社区简化的环境中，没有人忙于赚钱，也没有供人往上攀爬的社会阶梯，被推到我的意识前沿的都是人际方面的琐碎小事。打扫卫生或收拾东西，在小树林里散步，把秋天的落叶做成标本贴在卡片上，甚至将废纸篓里的垃圾倒掉——这一切都照亮了我的生活。如果把每天的工作和闲暇安排得井然有序，而不是在焦虑驱使之下手忙脚乱，则工作可以气定神闲，休闲可以尽情尽兴。除了简单的生活必需品由人提供，其余东西都是我们自己制作的。一位正宗的加拿大本地人从零做起，为沼泽地里的溜冰场打造出一台赞博尼磨冰机，用火上融雪的锅、一根软管和两根缠上软布的钻孔管把冰面整平。有一名制陶工人需要软毛画笔，因此有一段时间，我们把公路上被车轧死的松鼠都捡了回来，用它们尾巴上的毛制作画笔。

人类在面临严重限制时，往往能展现出最好的人性，并获得最大的快乐，这听起来或许是老生常谈，但事实的确如此。我们可以不受干扰地注意到周围的一切。我们与他人亲密地生活在一起，不求任何回报，我们看到了自己的活动或行为是如何满足或未能满足人类的真正需求的。我们变得更加专注于重要之事。

为了满足社区成员和访客的需求，社区有不同的组成部分：工作可以为我们和邻人提供生活必需品，此外，还有消遣、游戏、表演、恶作剧、艺术和礼拜等。在我看来，只有一种对人类有益的需求没有像其他方面那样在这里得到严肃对待，那就是深度学习和研究的需要，即为学习而学习，为研究而研究。

我在任何社交场合都没法把我所接受的学术训练派上用场，我便努力思考高等教育的意义何在，琢磨知识分子从事的专业活动与我年轻时以思考和想象对人性进行的纯粹探索有何关系。尽管我的家庭不寻常，但这样的兴趣和渴望即便不是普遍性的，至少也是非常广泛的。我记得有专业知识分子像我过去一样沉迷于未来要"有所作为"的前景，却与他们最关心、最在乎之事渐行渐远。我想到了许多学者，他们在经历了多年残酷的竞争和一直以来的平庸之后，逃离了思想探索的工作。与此同时，我还记得其他普通人——图书馆的读者、出租车司机、历史爱好者、囚犯、股票经纪人——既没有意识到自己同样在从事思想工作，也没有为自己这样做感到自豪。我试图想象真正的思想工作究竟是什么，它如何既吸引普通学习者而又不失其所触及的深度。我仔细研究自己的经历，试图找到一些线索。

那段时间的沉思产生的结果是，我突然意识到，在我原来的文理学院教书，把自己所学到的悠闲思考的习惯和激情传授给年轻人是最快乐之事。于是，我意识到是时候离开这个社区了。在一系列近乎奇迹的巧合中，我如愿以偿地获得了想要的工作和相应的生活条件。我的经历产生的成果之一就是我在本书中探索的一系列思想。

我发现学习是一种职业。它是获得金钱和地位的一种方式，也是支撑现行教育机制的方式。但它起初很隐蔽：是儿童和成人内心的想法，是书呆子安静的生活，是清晨上班路上偷偷看一眼天空，或者是躺在摇椅里研究小鸟。隐性的学习生活是学习的核心，对学习起着重要作用。如果计算机用来收集和整理所有被称为知识的东西——不管是不是真知——假使它不能改善人们的个人理解，不能帮助人们思考问题、解决问题或进行反思的话，那么这样的收集毫无意义。学习、认识、研究和深思是存在于人类个体之内的活动，即便它们都是在社区活动和各种工具的帮助下吸取营养、接受培育和得到保存的。智识活动滋养内心生活，即人类的核心。这既是免于痛苦的避难所，也是纯粹反思的资源。滋养内心生活的方式还有很多：演奏音乐，帮助弱势群体，或者花时间到大自然中徜徉或祈祷，但是，学习仍然是种关键的方式。

当我们认识到真正的学习是隐性学习，认识到从根本上说学习必须从产生经济、社会或政治成果的压力中解脱出来的时候，我们将面临两大主要困难。这两大困难在本质上都很现实。首先，隐性学习究竟如何实现或培养起来呢？如何才能使其摆脱技术、专业和政治对其的扭曲？很明显，人类的核心——我们思考、反省和默观的内心资源——都是无法依靠大众教育来滋养的，无论是在线学习还是上大课。它必须依靠人们面对面的交流来培养，否则，它将在很大程度上从人类经验中消失，只能以残缺不全和边缘化的方式存在。

其次，还有一个更根本的困难，它在我读研究生时艰难挣扎的经历中应该已经体现得很明显了：如果学习是隐性的，那它的用途何在？它能带来什么好处？它能帮助消除世界上形形色色的苦难吗？也许我已经暗示了我的答案。如果人类的繁荣源自其内在核心，而不是其影响和成果的领域，那么内心的学习工作就是人类幸福的基础，就像我们对自己的儿孙抱有的种种温情那样，远非毫无意义的循环空转。智识生活是一种充满爱心的奉献，至少与做饭、打扫卫生和养育孩子一样重要，与提供住所、安全或医疗保健等一样必不可少，与提供生活必需品和基本服务一样宝贵，以及与司法公平一样不可或缺。所有这些其他工作形式让人类有可能（但也仅仅是可能）在和平与闲暇中创造出人类繁荣发展的成果：例如学习与省察，美术与音乐，祈祷与庆祝，家庭与友谊，还有对自然世界的深思，等等。

这样一种对智识生活的设想，向渴望它的人敞开了大门。智识生活并不是只有专家才能参与的职业活动。因为它的核心价值是普遍的，所以它可以出现在出租车内、海滩别墅、读书俱乐部、工厂休息室或业余植物学家的后院中，出现在零散或系统的深思熟虑中，毫不逊色于大学里的智识生活，甚至更胜一筹。

本书接下来的思考是我理解自身智识活动和经验的尝试，这些活动和经验在一定程度上是由信仰塑造的，不过并非完全由其塑造，毕竟从小时候一直到上大学，我都是在智识生活乐趣的熏陶下成长的，既没有扎根于启示宗教，也没有向它求助。事实上，自打我记事的时候起，我父辈和祖父辈的家人中就没有一个人信奉这样一种宗教，只有一位曾祖母是圣公会教徒，不过她在我出生前几年就去世了。多年来，我研究和教学的主要内容是古希腊的杰出思想家，他们的思考、写作、生活和死亡都与犹太教或基督教作品没有任何联系。在我看来，这一切都表明，智识生活的好处是内在固有的，人人皆可从中受益。在接下来的章节中，我找了一些例子、图像、故事和论据来展示智识生活的益处，闲暇、沉思和学习是普通人也可以享有的。只有一小部分内容来源于宗教，大部分与宗教无关。我希望所有读者，无论是不是宗教信徒，都能发现这些探索对自己的思考有所帮助。我只能分享自己走过的道路，但我会保持开放的态度。

引言

学习、休闲和幸福

有人说是骑兵,

有人说是步兵,

还有人说是舰艇,

是这黑色土地上最美的。

我却说,

你所爱才是最美的,

无论那是什么。

——古希腊女诗人萨福,《残章》第 16 段

好学

有些类型的工作有着显而易见的价值。具有反讽意味的是，这些工作往往是回报最少的：照顾老人、小孩，打扫公共厕所，供水供电，收捡垃圾，买菜做饭，等等。虽说从事其他类型的工作可能获得高薪和地位，但从事多年这样的工作之后，其没有实质性价值的事实越来越明显。[1]在我们现有的工作类型中，哪些能满足人类的真正需要，哪些不能满足？工作的回报和其可见的结果与这些工作的终极价值有何联系？在可见的工作之下或其背后，我们是否还背负着隐蔽的工作？一个人如何被自己工作的回报所迷惑，以致忽略了工作的终极目的？

这些是我们所有工作者都要面对的问题，但我所了解的工作是思想工作。为学习而学习意味着什么？这有可能吗？学习本身的乐趣是自私的吗？如果不是，那么如何摆脱其中那些自私感、取得成就的紧迫感以及竞争的紧张刺激感呢？

而且，若是没有取得看得见的成果，为什么智识生活应该重要呢，尤其是处在这样一个充满苦难的世界里？对于修复我们支离破碎的社区或驱散笼罩在社区边缘的黑暗，智识生活能够发挥什么作用，或者说应该发挥什么作用？这些问题以及随之产生的一系列其他问题是随后各章探讨的内容。

剥去声名、威望、财富和社会用途的外衣，学习会是什么样子？换句话说，如果不考虑学习的外在结果，学习如何因为它对学习者的影响而不是因为其外在的结果而拥有内在的价值？

我说的"对学习者的影响"这句话当然会引出其他一些问题。我们寻求的是一种什么样的影响？如果学习就像脚底按摩或在沙滩上散步那样只是一种享乐，那就足以说明其价值了吗？我不这样认为，因为人类不能只是快乐的载体。关于学习本身对于人类的价值是什么这样的问题，必然与**人是什么**以及**我们的**最终价值是什么有关。这些都是巨大的问题，达到了难以解答的程度。它们只可细嚼慢咽，无法囫囵吞枣。就当下而言，尝试将学习的内在价值与其看得见的或外在结果区分开来就已经足够。

出于热爱而学习的例子比比皆是。我们可以从孩子们收集死掉的昆虫并为其编目的过程中看到对学习的热爱，可以从蜷缩在橱柜和角落里的书虫身上看到对学习的热爱，他们藏在那里，逃避其在公共生活中的店主、政治家或家庭主妇身份。怀揣双筒望远镜和指导手册的赏鸟者是在学习；认真研究某一时代的服装和发型，好让自己制作的古代士兵模型尽量还原历史事实的业余爱好者也是在学习；仔细观察树木，以便捕捉其颜色和动态变化的艺术家同样是在学习；沉浸在城市社区里体验生活，以便整理和戏剧化其中元素的小说家也属此列；为寻找生命的意义而环游世界的嬉皮士们一样是在如饥似渴地学习。分神的数学家在操纵奇怪的符号和揭示表象之下的东西时，展现了对学习的热爱；突然对数字的本质产生兴趣的哲学少年也是如此。

我已经提到了为学习而学习的若干典型类型：数学证明或计算；对自然世界的探究；对生活体验的深刻反思；阅读书籍，至少是读好书。这些活动针对着特定的对象：数学对象，原理和证明，动物、植物和物质的行为，以及文学、哲学或历史著作中对人类生活的思考。但是，就像我们渴望拥有很多东西一样，我们渴望学习的原因也很多。想想那些热衷于说教、好为人师的人，他们总是急不可耐地纠正我们，说："其实……"我们猜测他把学习当成了实现社会支配的方式，或许是为了补偿他在体育比赛或情场上的失利。更普遍的情况是，间谍为了深入了解目标对象的心态而去阅读文学作品；华尔街的股票分析师为了追求利润最大化而精心计算风险；政治活动家为了寻找支持其事业的证据而仔细研读科学文献；黑帮老大为处理尸体而去研究分解化学。这些都不是好学的行为，而是为实现不同的目的而进行的活动：军事胜利、财富、政治成功或逃避法律制裁等。因此，我们称这些使用才智的方式为**工具性**的；无论其追求有多么强烈，它们都是由结果和成就驱策的。而隐性的学习生活则是以自身为目的，去品味自然事物：人类、数字、上帝、自然。

一个人在做数学题时可能不会深思熟虑或反复权衡，而是陷入恐惧和羞耻驱动的成功竞赛中。我们的教育系统所提供的学习就大多如此，甚至全部如此。就其本身而言，这与间谍、华尔街股票分析师或政治活动家的学习没有什么不同，都不是为学习而学习。而也有人在开始某个行动时可能仅仅是将其作为达到目的的手段，然后却不知不觉地爱上了这个行动本身。结果驱动型的数学系学生能够领会数学之美，享受证明和计算的乐趣，从而打开为学而学的内心活动空间。一位青少年本来想给他人留下好印象才拿起一本书来阅读，只是渴望获得同伴的喜爱和认可，结果却不知不觉受到更深层次东西的吸引而对其爱不释手。想想喜剧演员史蒂夫·马丁的描述，他在女友斯托米的影响下成了哲学系学生：

> 如果斯托米说我穿紫红色的舞会礼服很好看，那

我就会去买件紫红色礼服。但是,她建议我去读威廉·萨默塞特·毛姆的《刀锋》。《刀锋》是一本求知之书,所追求的乃普遍而终极且不容置疑的知识。我被这本书迷住了,因为书中不仅歌颂学习,还赞扬这样一种观念:就像一位舞台魔术师,我可以拥有只有少数人才知晓的秘密。[2]

马丁刚开始只是要取悦女朋友,最终却发掘出了对学习的热情,这塑造了他青年时期的生活。但是,他对哲学的兴趣比激发这种兴趣的恋爱关系更为持久;如果因为其被发现的方式就认定这种哲学兴趣是不真实的,不过是取悦他人的尝试,那就大错特错了。

杰克·伦敦在他的半自传体小说《马丁·伊登》中讲述了类似的故事。工人阶级出身的主人公被一个有钱的陌生人邀请到家里,在那里他浏览了一堆引人入胜的书,还遇到了一位漂亮姑娘。他爱上了书,也爱上了美人。为了赢得美女的芳心,他勉强开始自学苦读。但结果证明,这些书造就了一位极具批判精神的青年才俊,他反倒与这位富有的姑娘显得格格不入了。伊登的成长揭示出受过良好教育的中产阶级精心培养的文雅作风与心智发展的狂野而开放的可能性之间存在着裂痕。他最终走向自杀的幻灭历程也指出学习生活的危险性:学习可能会异化人性,使人滋生傲慢和蔑视他人。

我们把这种危险性留到后面再谈。此刻，我们从这两个故事中注意到如下内容就已足够：我们塑造自己——我们的才能、兴趣和典型活动——最初的目的并不高尚，而是彻底工具性的，即获取我们想要的东西，避免羞辱，寻求爱情、被认可和提升社会地位。它们开启了我们内心的大门，让我们看到了自己之前并不知晓的欲望、关切和惊奇之源。这些活动之所以吸引人，就是因为它们满足了我们天生的需求。我们天生的需求常常被埋藏在内心深处；让人眼花缭乱的外物吸引着我们，必须打破或者挣脱种种束缚才能使那些需求浮现出来。史蒂夫·马丁热衷于从哲学角度思考世界，而马丁·伊登则热衷于用语言捕捉生活；在描述这二者时，我们都不能说他们主要关心的是学习的工具性用途。两人的生活都因为发现了新自我而发生重大改变和重新定位。

因此，即便我们开始学习时是为了一些更小的目标，我们内心的某些东西仍会鞭策着我们为学习而学习。但是，既然数学、其他科学或文学可能会成为提高成绩、获得爱情或谋财害命的工具，这就意味着这些学科本身并不能定义智识生活究竟是什么样子。带着沉思和省察的态度来阅读、计算或学习才是关键。其实，我们也未必非要把焦点集中在这些典型对象之上。一个人无论从事什么样的活动，都可以学习，并且乐在其中。我们是否应该觉得学习的动机或思考的精神比一整套典型对象更加重要呢？也许我们可以说，只要是抱着深思的态度和省察的精神去做，只要我们从中享受到学习的乐趣，那么好学就可以体现在任何活动之中——日常工作，观看体育比赛，出门倒垃圾，阅读快餐式作品，等等。

第二种做法也面临着困难。把昏天黑地狂饮一周作为认识自我之旅的一部分，这可以说是好学吗？一个人可以带着沉思的态度玩电子游戏吗？答案当然是肯定的，但是这些活动与其沉思的目标不太相符。这种不匹配表现在其对潜在求知者施加的压力上，这种压力与追求身份地位的数学专业学生感受到的压力相反。数学吸引着争强好胜的学生欣赏数学本身。相比之下，玩电子游戏的求知者本来想更好地理解它们对人性的吸引力，结果却不知不觉、身不由己地陷入娱乐消遣之中，在游戏中不断取得的胜利则越发索然无味。同样，要想与饮酒作乐保持清醒的距离就需要一种非同寻常的节制。联邦调查局探员在调查非法色情作品时，他们看待图像的方式与痴迷的消费者是不同的。不过，非常明显的是，这些图像的强大吸引力仍然使肩负调查使命的探员的工作变得十分困难。

我们倾向于把自己的欲望对象看作餐馆自助餐里的食品——这个选一点儿，那个选一点儿。但是，我们的欲望和欲望对象更像奔腾不息的河流，它们有着自己的冲击力和压力。一旦我们开启了追求之旅，它们就会把我们拉向特定方向，为我们打开之前从未预料到或从未选择过的可能性。这个简单的心理学事实就是教育存在的原因，同时也解释了为什么使用心智、学习绘画或者减肥不仅需要自制力和社会激励，也需要明智长辈的引导。这些长辈知道某些道路上会发生什么，而且在指导年轻人时愿意暴露自己的无知与不确定。

目的、手段和终极目标

我们应如何以一种能阐明其典型形式和偏差的方式来描述人类的这种需求，即学习和理解的欲望？我遵循着一种始于柏拉图和亚里士多德的传统，即根据欲望的终极目的来区分欲望类型。[3] 我们所做的很多事都是为了其他目的，这被称为工具性行为，如吃早餐是为了缓解饥饿，锻炼是为了保持健康，打工是为了赚钱，生孩子是为了安抚配偶，或者是为了和他人合群。有些事则是我们为自己而做的，例如打牌、远足、阅读，或制作飞机模型。显然，有些行为既是工具性的，其本身也是目的：我们生孩子也是为了孩子本身；我们工作是为了赚钱，但有时也是出于对工作本身的热爱；我们钓鱼是为了食用，也是为了消遣。

我们的行为或活动会受到所追求目标的影响。例如，直奔杂货店去买一瓶牛奶，与经过深思熟虑的购物之旅是性质完全不同的两回事，因为后者会让我们去翻找货架上不寻常的商品，可能还会与在过道上碰见的邻居交谈。和朋友一起徒步旅行与和重要生意伙伴一起旅行也是不同的。出于权宜之计的婚姻不同于因恋爱而缔结的婚姻。因此，每一种行为或活动都会有一个终极目标为其赋予某种特质。

在某种程度上，我们选择了自己所要追求的目标以及实现目标的方式。但是，在特定目标和实现目标的特定方式之间存在着天然的张力和密切关系。因此，出于权宜之计的婚姻会带来不适感，乘车长途旅行只是为了通勤就很难成为一种享受。相比之下，在美丽的风景前停下来欣赏一番是一件很惬意之事，将孩子的利益放在个人利益之上也是符合天性的自然之事。柏拉图和亚里士多德以及之后的许多人在寻求一种他们所说的至善——为了其自身而从事的最佳人类活动——我们对此类活动有着一种超越其他一切的天生向往。这种至善将是个人一生所能达到的顶峰，是能获得的最大幸福，它与我们是谁和我们渴望什么密不可分。

我们为什么会认为自己的活动旨在获得至善或者满足终极目标？我们通常同时有许多终极目标，但某些目标会对其他目标产生结构和次序上的影响。我们选择一种职业时，要么选择能在工作之余有空闲时间和家人待在一起，要么选择与一个要求不那么高的人结婚，允许你在职场中自由打拼和快速晋升。我们的终极目标——在第一种选择中是家庭，在第二种选择中是成功——构建了我们其他各种追求的结构和优先顺序。我们为了赚更多的钱，不惜牺牲更自由的日程安排，或者为了有时间去追求内心的愿望而甘愿放弃更高的薪水。某些目标对其他目标会产生结构性影响，这表明我们有个**根本**导向，这是由我们的终极目标决定的，该目标（假设有的话）构建了我们所有其他的选择。这个目标就是至善，无论它是我们的个人选择，还是受到个人或社会的压力而在混乱之中形成的。至善或终极目标可能是财富、地位或家庭生活，也可能是为社区服务或享受自然世界的乐趣，还可能是了解上帝，享乐和聚会，撰写小说，或者追求数学真理。就像任何较小的目标一样，我们的终极目标可能会更好地满足我们，也可能不那么令我们满意。

如果我们不相信自己有个根本导向，那么我们平时经常听到的关于生活发生重大改变的故事就很难理解了。我们可能从无恶不作的浑蛋变成虔诚向善的信徒。我们戒了酒，摇身一变成了乐于助人的热心肠。我们生了孩子，放弃了曾经觉得十分迷人的追求，也许工作的时间减少了，也许从热衷于聚会的朋友圈中抽身而退，也许我们与家人更亲近了，或在自己的社区扎下了根。当然，我们的定位未必朝着好的方向发展。有时候，我们反而变得更糟了。对爱情或者工作感到幻灭会诱发我们酗酒或变成工作狂，如饥似渴地寻找一个又一个刺激。热衷于政治的人一开始希望在地球上创建公平正义的社会，结果却沦为官僚机构的螺丝钉或者政府恶行的帮凶。

定位的变化不一定是突然发生的；我们的价值观在不良环境中是逐渐扭曲的，欢乐的种子也可能在头脑里扎下根来，数年后才出人意料地开花结果。生活中的一些变化可能只是在表面上显得很突然。某些热衷于追求地位的人，无论其所在机构的外在价值体系如何，都能飞黄腾达，爬上塔尖：无论是在法西斯独裁统治时期，还是在新民主社会、传统教会和归正宗教会中，他们都取得了成功。但是，改变信仰、转变立场、腐化堕落和失望幻灭均是普遍现象。很难相信它们对我们所有人来说都是不可能发生的事情，而且，如果我们最初没有根本导向，就很难理解这些可能性。

我们可能会抗拒这个想法，即自己只有一个终极目标。当然，我们认为，虽然有些目标构造了其他目标，但我们可以拥有不止一个最看重的目标。我们可以把家庭和工作看得比一切都重要，或者把哲学和社会正义看得比一切都重要。没有哪一个目标占支配地位。这种情况即便不是不可能的，至少也是非常罕见的。关于我们的生活方式，存在这样一个事实：它既不取决于我们希望自己的终极目标是什么，也不取决于我们认为这个目标是什么，而是取决于究竟哪个目标构成了其他目标的基础。即使我们觉得自己已经实现了难得而绝妙的平衡状态，我们在最基本的优先目标之间发生冲突时做出的选择仍然会反映出一个事实，即我们真正的终极目标是什么。这取决于我们做选择时是有良好的自制力，还是无法约束自己；是具备卓越的品质，还是欠缺这样的品质。只有当我们必须做出真正的抉择，一厢情愿的想法难以为继之时，我们才能看清自己的终极目标。

当然，在哪些活动才符合我的终极目标这个问题上，我也可能会犯错。我可能会选择生孩子，认为有了孩子之后还能坚守内心对数学的追求。但是，我错了。因为养孩子需要承担道德义务，如果让我重新找回热爱数学的初心，那势必会影响孩子的健康成长。同样，我也可能会选择不生孩子，认定这样做自己能够更好地写诗，不至于分心。但我或许会发现，在与世隔绝的家庭生活中，我的生活经历变得单调、浅薄和贫乏，我的创作源泉反而会陷入枯竭。我们的终极目标往往脆弱得不堪一击，以难以预料的方式遭到打击，这就是为什么我们年轻时对未来充满焦虑，中年时遭遇危机，到晚年又留下很多遗憾。

我们可能不知道自己的根本导向是什么，对终极目标如何塑造我们的生活一无所知。我们的动机总是混杂着多种成分，终极目标也常常模糊不清。我们往往不愿意对自己说，地位、金钱或饮酒对我们来说至关重要。但是，即便没有改变信仰或精神崩溃，某些冲突或危机也表明我们的确有这样的目标，还表明了这种目标究竟是什么。我选择一种事物而非其他事物，揭示了更多的终极目标。比如说，我躲开孩子的钢琴独奏会，反而去酒吧消磨一下午，或者去完成一项要紧的工作。如果生意伙伴取消了我们徒步旅行的计划，我还去徒步旅行吗？如果没有去，我或许是觉得做一笔生意比欣赏大自然更有趣。我选择一份社会地位很高的工作，然后以极高的道德标准来严格要求自己。在工作中，我发现了不轨行为，我如果将此事曝光，那么现在所拥有的一切都可能瞬间丧失殆尽。我是坚守自己的道德底线，还是保住自己的工作和地位？

我们的终极目标可以通过我们对根本承诺的选择显示出来。在紧要关头，我们会为之牺牲一切。也许只有遇到冲突或考验时，我们才会在互相冲突的欲望和追求中发现什么最重要。当我们的爱人年轻漂亮、生活充满希望时，我们许下"至死不渝"的诺言，但只有在伴侣失败、衰老或躺在医院病床上时，我们才明白自己之前许下的诺言意味着什么，以及为何要做出如此承诺。

休闲

在研究基本形式的智识生活和背离这种生活的表现时，我们将工具性追求——我们为达到目标所做之事——与目的或者说本身就有价值的追求区分开来。我们也开始探讨特定追求如何能塑造和构建我们的生活，意识到某些活动是我们的终极目标，并塑造了我们的根本导向。如果我们仅仅围绕着一些工具性追求来安排自己的生活，如赚钱或伸张正义，会发生什么呢？亚里士多德认为，我们的终极目标必须是我们为了其自身而追求的，否则我们的行为将毫无意义而且徒劳。显而易见，如果不能实现自己的小目标，我的行为就是徒劳的。如果我收拾好游泳袋，穿上鞋子，拿上钥匙，开车来到游泳馆，结果却发现游泳馆已经关门，游泳这一目的无法实现，之前的一连串行动也都成了枉然。同样，如果我们的终极目标不是我们为了其自身而追求的，那么我们的许多行动甚至大多数行动似乎也就成了徒劳。假设游泳馆开门了，我能进去游泳；我为什么要游泳？游泳是为了身体健康。只有身体健康了，我才能好好工作，而我工作是为了赚钱。赚钱是为了果腹、解渴、安居、消遣和锻炼身体——而所有这些都使我得以工作。

我已经描述了一种枉费心力的生活。如果我工作是为了赚钱，然后把钱花在维持生活上，接着又让我的生活围着工作转，那么生活就变得毫无意义，我会陷入为工作而工作的旋涡。这就像是买完冰激凌后立刻卖掉，然后又用换来的钱去买冰激凌（然后再卖掉……如此循环往复）。这和为了赚钱去工作，然后在去领工资的路上被从天而降的铁砧砸死一样悲惨。如果不能在最后产生令人满意的效果，那么这种行动就毫无价值。为此，亚里士多德认为，工作之余一定还有聊以自慰的事——得享休闲。我们工作是为了得享休闲，如果没有休闲，工作就是徒劳的。休闲并非仅是消遣，消遣有时是以工作为目的的——在开始新的劳作之前放松或休息一下。相反，休闲是一种内在空间，享受休闲可以被视为我们所有努力的终点。在亚里士多德看来，只有沉思——观察、理解和体味世界的活动——才是最终令人满意的利用休闲的方式。

尽管亚里士多德关于生活目标的思考启发了一种悠久的思想传统，但作为人类终极目标的休闲并不要求花费太多钱财，也无须按照乡绅的标准生活。休闲可以发生在片刻之间，也可以发生在长期停顿的一段时间；它可以与人类的某些体力劳动共存并带来成效。一度塑造了美国人精神文化的"伟大书籍阅读运动"就是在工人阶级中首先开始的。在工人协会中，从事体力劳动的人寻求思想的成长，希望成为内心生活充实的人。[4]

多明我会修士 A. G. 塞蒂扬日在其为思想爱好者编写的经典手册《智识生活》中声称，智力劳动仅需占用每天两小时的闲暇时间，因此，它是可以与工作和家庭生活兼容的。[5]与他生活在同一时代的世俗人士阿诺德·贝内特在《悠游度过一天的 24 小时》一书中说，每天花半小时集中精力思考，再加上每周进行三次 90 分钟的严肃阅读，这就足够了。[6]我认为贝内特和塞蒂扬日是对的——实际情况甚至可能超出他们的想象：一个人可以以休闲为目标，并富有成效地充分利用它，无须完全从事一种智力劳动职业。你可以在片刻之间，或者在长时间的停顿中，抑或在平静地回味一天的经历时，品尝休闲的滋味。到野外度周末，会重新激活你那被日常忙碌的生活所掩盖的洞察力。尽管自古以来人们对体力劳动存在偏见，但体力劳动可以让人能够自由沉思或思考，其他形式的劳动则不然。这就是为什么木工活、园艺活或打扫房间能让人感到快乐，而用笔在纸上勾选、在办公室跑腿或思考复杂但琐碎的问题却不能感到快乐。

也就是说，在某些情况下，休闲是不存在的，因此也就不可能利用它。获得生活必需品可能就已经让人彻底累趴下了。如果一个人不得不从事一份遭受剥削的工作，就更是如此。在《马丁·伊登》中，杰克·伦敦这样描述主人公马丁：他如饥似渴地自学，既是为了自己，也是为了使自己配得上所爱的女人。慢慢地，他的钱花光了。于是他去一家洗衣店工作，每周工作6天，每天需要连续工作14个小时。此前，他每天只睡5个小时。在做这份工作后，他有信心在工作之余继续阅读。但是，在洗衣店干一天活之后，他已经疲惫至极，根本无法集中注意力读书。一个星期后，他甚至没有精力来思考了："他脑子里再也装不下宇宙及相关重大问题了。他那广阔而巨大的心灵走廊完全关上了，像个隐士被封闭起来。"[7]这样过了三周之后，马丁又开始喝酒，此前他已经戒酒好长时间了。在喝得醉醺醺时，他意识到洗衣店的工作将他的想象力、温暖、好奇心与美感统统赶走了。

杰克·伦敦的叙事虽然是虚构的或者说半虚构的,但它非常贴近某些人真实的生活体验。例如,乔治·奥威尔曾写过他在巴黎一家酒店厨房里的工作经历,他那个层次的员工每周工作80到100个小时,没有时间去思考,也无法赚钱来养家或改换工作。他们把生命浪费在令人疲惫不堪的工作上,喝酒和睡觉成了唯一的避难所。[8] 芭芭拉·艾伦瑞克这样介绍她作为两班倒服务员的经历:"我向自己保证:我一点儿都不觉得累,尽管这可能只是因为'我'已经没什么力气感知疲劳了。"[9] 也可以想一想记者詹姆斯·布拉德沃斯最近报道的亚马逊仓库里装卸工的故事。[10] 一连数天,布拉德沃斯都需要长时间地走动或奔跑,不仅受到全天候的电子监控,还因上厕所和生病而受到惩罚,更因为轮休被取消或者强制性加班而导致日程安排往往带有不确定性。所有这些都令布拉德沃斯不知不觉感到疲惫不堪,无论是在身体上还是在精神上都感到很累。他和工友们本来会限制或回避的短暂快感也变得极度诱人。他的一位工友说:"这份工作让人想喝酒。"[11]

休闲可能会毁于由别人设计的苛刻工作条件,也可能会毁于忙碌的生活强加在身上的焦虑感,虽然这种焦虑并非源于自己的过错。休闲还可能毁于强迫性行为,这种行为会占据我们的思想和意识。休闲也可能毁于自己的选择。亚里士多德的老师柏拉图借苏格拉底之口描述了哲学式的休闲，将其与成天泡在法庭里或进行其他形式的社会活动的体验进行了对比。对于一位哲学家（一个闲人）而言，重要的不在于：

> 他们是花一天还是花一年时间，只要能找到正确答案即可。但是，另外的人——法庭上的人——说起话来总是匆匆忙忙；说话时一只眼睛总盯着计时器。此外，他不能随意就他喜欢的任何话题发表看法；他的对手就站在他面前，手握强制性权力，而他还需逐条读出誓词，且必须遵守誓词中的承诺。[12]

匆忙紧凑的法庭生活受到他人要求的催促和限制，显然是教育和选择的产物，而非从外部强加的经济环境的产物。

当今社会也不乏与柏拉图的法庭自愿奴役相似的例子。想想劳伦·斯迈利在 2015 年的文章《闭井经济》中所描述的城市技术人员的世界。[13] 这些打工者许多在家办公，独自一人生活。为了节省时间，他们大量使用 App（应用程序）来处理用餐、购物和做家务等日常事务。如今的马丁·伊登们是收入微薄的快递员、送货司机和清洁工，他们必须同时打几份工，才能勉强应付生活必需品的开支。但是，他们所服务的那些城市技术人员之所以节省时间，并非为了悠闲地沉思默想或培养全面发展的业余爱好，而是为了工作更长时间。斯迈利这样描述一位技术人员：她通过外包自己的私人事务和家务劳动来节省时间，每节省一个小时就能为她的公司多赚1 000美元。因此，她每天工作11个小时，通过App上的服务功能来帮她跑腿，做头发，打扫卫生。

我们目前的"奴仆"阶级所服务的"主人"阶级同样没有空闲时间。奴隶是奴隶的奴隶。如今，在奴隶链条的顶端甚至没有善于剥削的乡绅——会写文章、解剖动物和思考政治的本质——而是社会地位更高的又一个奴隶而已。这个链条上更富有的人给自己强加这样的负担，就像我们当中许多享有特权的人心甘情愿地把自己置于亚马逊仓库那样的全天候电子监控之下，甚至把自己在健身房的动态或对宠物的痴迷全都发到社交媒体上显摆。[14]

相比之下，过去几十年来更常见的办公室工作本身可能极其乏味，但它显然为其他发展道路留下了内在空间。约翰·贝克在埃塞克斯的汽车协会做了多年行政管理的琐碎工作。在业余时间，他热衷于观察鸟类活动，以极具个人色彩的方式进行系统性的深度体察。他随身携带地图、观测镜和笔记本，骑着自行车跟在游隼的身后。结果他在1967年出版了《游隼》一书，表达了他非凡的诗意思考。诗人华莱士·史蒂文斯和弗兰克·奥哈拉分别是保险代理人和艺术策展人，他们在平凡且繁忙的工作生活中挤出时间来写诗。史蒂文斯声称，他"几乎可以在任何地方"写诗，在散步时会产生写诗的灵感。至少对史蒂文斯来说，挤出些许时间来写诗并非一种妥协。就在他去世的几年前，他曾告诉一位记者："对诗人来说，每天接触日常工作有助于塑造个性。"[15]弗兰克·奥哈拉的好友、诗人约翰·阿什贝利这样描述他："他会抽空匆匆写下诗句——或者在纽约现代艺术博物馆的办公室里，或者在午餐时间的大街上，甚至在挤满了人的房间里——随即会将其丢进抽屉和纸盒里，日后可能多半不记得了。"[16]奥哈拉写诗的才能似乎已经融入他的现实生活，他发现了别人看不见的空隙和短暂的闲暇时间。

20世纪40年代，过度劳累的老师的守护神爱丽丝·科伯曾在布鲁克林学院同时教五个班。[17]无论何时，白天她都在教书。到了晚上，她开始破译一种古老的语言——线形文字B，这种文字是19、20世纪之交时在泥板上发现的。对语言学家来说，它宛如一座珠穆朗玛峰，是一个似乎无法解开的谜。她是工人阶级移民的女儿，人到中年还未出嫁。她收集了这门已经消亡的语言的每个符号的统计数据，写在20万张字条上。由于战时和战后纸张短缺，她不得不回收任何可以找到的废纸来制作字条。这些字条后来都被收藏在旧烟盒里。一场疾病使她不幸早逝，打断了她的工作，但她已经为破译线形文字B奠定了基础。在她去世几年后，破译工作取得了激动人心的突破。

有时休闲表现为一种严格自律，近乎不可能实现。神圣罗马帝国皇帝腓特烈二世在开疆拓土和积累声望之余，会与比萨的列奥纳多，即著名的数学家斐波那契进行长时间的讨论，他自己也进行过长期的鸟类学研究，他撰写的关于猎鹰的专著至今仍然无可匹敌。[18] 其实，即使在你能想象到的最糟糕的状况之下，也仍然能出现可供沉思的闲暇。心理学家维克多·弗兰克尔曾写到过他在被关到奥斯威辛集中营时"内心生活的强化过程"。他指的部分是对所爱之人的深厚感情，以及对有尊严生活的形象回忆。他描述了树木和日落之美对囚犯来说是多么真切生动，还描述了囚徒不得不做出选择来抗拒周围环境中压倒性的非人化特征。[19]

人类能够尽情地体味、沉思和享受，这种能力之强大，表明它们深深植根于我们的内心。就像适度的徒步旅行和对学习的真正热爱一样，从理论上讲休闲可以在任何地方被发现和利用，但是，它需要特定的条件才能繁荣发展：自由时间、户外活动，以及大脑一定程度的放空。

休闲、消遣和幸福

作为生命终极目标的休闲活动可以说没有时间性。闲暇之时，我们不再计较还有多久能实现目标，因为目标正是我们在做之事：荒野远足，与自己或他人进行深入对话，与我们所爱之人围坐在篝火旁聊天。有时，休闲以剧烈活动之形式出现：彻夜长谈，清除花园里的杂草，约翰·贝克的观鸟——所有这些都可能需要耗费巨大精力来完成。休闲活动的自由在于其不受结果或后果的影响，而非指休息或消遣的自由。

消遣也没有时间性。在海滩度假之时，时间在波浪、沙滩还有阳光中流逝，并没有某个明显的时间点标志着度假已经结束了。彻夜打牌时，时间就慢慢地过去了，下午野餐时也是如此。放松休息的活动与构成生活终极目标的休闲形式之间有何区别呢？区别方法很简单，毕竟我们不会将外出野餐、海滩度假或者打牌视为人生的至高追求。虽然这些活动让人愉快，又有人情味，而且不可或缺，但它们并不需要我们竭尽全力。相比之下，美术、音乐、严肃的谈话和充满爱心的服务都能激发出我们内心最美好的一面。它们既是我们奋斗的目标，也是个人不断成长的动力。在选择<u>这些</u>不同类型的目标时，我们会发现休闲和消遣的区别看似微妙，实则十分显著。任何最低限度的幸福生活都必然包含着消遣，但真正重要之事有着高得多的要求。

只有至善可能会要求我们颠覆自己的生活，我们可能不仅要牺牲时间和金钱，还要牺牲朋友、爱人、社会地位，有时甚至是自己的生命。多年来，哈立德·阿萨德一直是叙利亚巴尔米拉古遗址的文物主管，ISIS（宗教极端组织）成员把他抓起来严刑拷打，要求他透露珍贵文物的踪迹。但他拒绝透露，于是被残忍杀害。阿萨德看上去是为了历史、知识和艺术而丧命的。[20] 相比之下，若为了打一局好牌或者在海滩上举办生日聚会而丢掉性命，这通常就显得得不偿失了。但人们可以想象，在某种高压残酷的环境下，寻常琐事成了唯一的人性寄托，所以为之赴汤蹈火也是值得的。在这些情况下，人们并非为了生日聚会或纸牌游戏而死，而是为了它们所代表的人性，即被生存环境所否定的人的尊严。

亚里士多德认为，我们的终极目标构成了我们对幸福的认识。也就是说，我们都把自己相信的幸福生活当作终极目标。他还认为人性为幸福勾勒出了清晰的轮廓：有些终极目标合乎人意，而另一些则不然。我们对幸福的看法可能是错误的。在亚里士多德看来，沉思是唯一可以构建人类其他欲望并使人类生活得到满足的活动。尽管如此，如果我们的本性像亚里士多德认为的那样是分裂的（的确显然如此），如果我们的动机各式各样、互相冲突，如果我们对现实和价值的认识是从欲望中衍生的，那么就很难辨别出来并实现真正的幸福。

亚里士多德对沉思的设想的确过于狭隘了：他自己践行的那种复杂哲学构成其幸福概念的核心。但是，很明显，沉思可以是享受家庭及寻常生活之美，可以是物理学家进行的复杂计算，可以是对家具木材纹理的欣赏，可以是修女一天唱五次赞美诗，还可以是心理治疗师或老师将心血倾注在来访者或学生身上。

即便如此，认为只有沉思能给人类带来实实在在的好处，似乎也太过分了。毕竟，对许多人来说，这很难接受；在大多数情况下，无论是现在还是过去，这都是一种反文化、反直觉的说法。尽管这个观点是本书依托的背景，并贯穿于本书的始末，但作为读者的你也大可不必接受。你可能认为幸福肯定不是只在一种良善中。你可能会判定幸福是人人都渴望得到的，但并不是每个人都对学习本身感兴趣。你也可能会认为，"幸福"本身是一种幻觉，试图获取幸福只是一种自我折磨。但我的确认为，到这本书结尾的时候，应该明确一点，即以学习形式出现的沉思是充满活力的人类之善，其本身就有宝贵的价值，值得我们投入时间和才智。至于它在具体某个人的生活中的重要性，我则不会给出答案。无论如何，我尽量不做判断。不过有时，我的喜好还是会让我产生一定偏向性。

精英主义幽灵

把学习本身作为美好生活的必要条件加以赞扬常被指责为一种贵族偏见，就好像贵族亚里士多德的支持是道德死亡之吻，就好像真理不能与道德上的丑陋纠缠在一起。但是，我提到的现代工人生活中的休闲遭到的破坏，以及他们人性遭到的践踏，应该使我们更加重视而不是轻视休闲的价值。听到这样的故事后，我们应该在其驱策之下帮助所有工人争取到足够多的闲暇时间，让他们有时间去思考、享受、省察和追求健康有益的消遣，而不是只有那些享有特权的少数幸运儿可以拥有这一切。在反思一次教育工人的失败尝试时，哲学家西蒙娜·韦伊写道：

> 这是谴责所有此类工作的理由吗？相反，重要的是，在提升工人阶级文化素养的各种努力中，区分那些旨在加强知识分子对工人支配地位的努力以及那些旨在让工人摆脱这种支配地位的努力。[21]

韦伊指出，寻求为弱势群体提供专业培训的现代教育工作者最好牢记这一点。我们是要提升穷人中那些值得支配他人的人的地位吗？还是说我们要彻底消除社会各阶级之间的差别？

那种认为只有少数精英才能真正和严肃地学习的想法根深蒂固，难以撼动。不过，这种想法是错误的。我们以在加利利的基布兹*工作的渔民门德尔·努恩作为例子来看一

---

* 基布兹（kibbutz），以色列一种高度自治的公有制集体社区，财产和生产资料由全体成员共同拥有。——编者注

下，他生于"一战"刚结束之时。他在捕鱼时发现了古代石锚，于是把它们收藏起来，现在他的藏品已经成了一个小小的博物馆。为了弄清楚自己发现的是什么东西，他研究了关于古代渔业的文献。由于很少有人对这一领域感兴趣，他成了最重要的专家之一。[22] 我想，在日常工作中发现的这个知识课题改变了他的生活方式。一次普通的捕鱼行为就此在他眼中有了广泛而深刻的意义，成为拥有几千年历史并且与他的生活环境密不可分的一项人类事业。

在我的家乡美国，一些再普通不过的人在夏天会带上望远镜，前往黑咕隆咚的乡村地区参加观星聚会，找寻超新星、双星和难得一见的行星连珠。在葛底斯堡旅行时，你会发现成千上万的所谓普通人突然想知道160年前那场战役中发生的一切：士兵、死尸、军服、武器、用兵策略和战役胜负。我在以色列待过一个夏天，在那里，激发了大众想象力的是考古：人们不惜忍受高温前来聆听有关某块石头、这座山峰或者那个山谷的故事，这些故事书本上并没有记载。指控宗教是反智活动的说法由来已久，且流传甚广，但我遇到的普通信徒中很少有人不对在《创世记》中为何会出现两个创世故事感到好奇的，其他问题还有："撒旦"究竟是什么东西？耶路撒冷圣殿中的陈设饼是用来干什么的？诸如此类。

在研究天文学、历史、考古学和宗教的过程中，大量细节的背后隐藏着一些基本问题：宇宙从何而来？浩瀚的星系是随机生成的，还是早已设计好的？是什么使战争这种人类最大的恶成为可能？是什么能让战争从道义上来看具有必要性？在以色列，我问一位考古学家，是什么促使她在近38摄氏度的高温下筛土，并花费无数小时对陶器碎片进行分类。她告诉我说："我对古代经济感兴趣。金钱让人及其群体变得伟大，但它也是邪恶和毁灭的源头。我想弄清楚：这怎么可能？善与恶怎么会共存于一体？"

好学是人类的普遍特征，但学习方式和程度各有不同。然而，与热爱户外活动不同，我们未必总能察觉到对学习的热爱。它以低级形式出现时，我们可能会将其忽略；而它以高级形式出现时，我们又可能认不出来。我们会这样，是因为我们拥有的欲望和目标形形色色，而且有着难以觉察的等级差异。我们的终极目标对我们来说可能看得见，也可能看不见。因此，我们可能是为了学习本身而热爱它，也可能是出于政治目的而利用它；它可能是获得财富和地位的手段，也可能是获得成就感的垫脚石。学习还可以在热衷于休闲的社会习惯影响下，随波逐流地自然形成。我们也许不知道驱使自己的究竟是真正的热爱，还是其他事物的影响，这需要检验之后才能知晓。不过，如果认为学习只出现在专业人士身上，那就像把得到赞助的登山者看作唯一真正的户外爱好者一样荒唐可笑。

这篇引言从哲学角度介绍了学习的内在价值以及与之相伴的休闲和沉思，旨在帮助读者理解接下来要谈论的那些为学习而学习的事例。在现实生活中，好学真正践行起来是什么样子？它会如何塑造人的生活？如何充分践行对学习的热爱，使其变成一剂良药来改变没有意义的生活方式，或减轻各种不可避免的苦难？践行对学习的热爱怎么能被当作个人全部努力的顶峰呢？

但是，我所举的例子只会引出更多问题。好学是如何被追名逐利腐蚀的呢？智识活动与普通人类社会之间是否存在天然的紧张关系？在本书第二章，我会尝试分析因贪恋金钱和地位而使学习受到玷污的情况。接下来我会讲两个故事，关于智识生活带来的改变和救赎：一个是著名的奥古斯丁的故事，另一个是意大利作家埃莱娜·费兰特在其《那不勒斯四部曲》中从现代世俗的角度对艺术作品起源的叙述。

最后，我会转向第三类问题。最令现代有智识追求的人感到困扰的是这样一种感觉：在人类遭受的苦难和不公向我们提出的无边要求面前，为学习而学习显得无用，因而是不合理的。我把表面意义上的"有所作为"与形形色色的人与人之间的服务形式区别开来，就是要表明，当智识生活视自己为后者并命令自己这样时，它就是有用的。

以书籍和思想为核心的活动，自然是由专业学者管理的。如今，许多学者却像我一样感到极度沮丧和坐立不安。我相信，这种不适在很大程度上是一种情感问题，与之相关的是想象力的缺乏。我们与脑力劳动的结合已经变得陈腐乏味，了无生机。我们的目光茫然地转向其他前景。我们不知道自己是不是在某个岔路口走上了歧路。在庄稼地里干活，或者在夜总会里唱歌，我们肯定会觉得更加充实；我们的才干如果用在争取人权的全球性事业上，肯定能发挥更大的作用。在此情况下，就算我能提出精妙绝伦的哲学论证也毫无用处。同样，一次详尽的历史分析——展现我们文化生活和经济生活曲折坎坷的历程是如何让我们沦落到这般可悲田地的——或许让我们变得更为明智，却无法恢复我们早已丧失的生机与活力。我们需要的是形象和典范：带领我们朝着某个方向前进和激励我们奋斗的迷人幻想，以及一些提醒，让我们不要忘记自己曾经是什么样子，可能是什么样子，以及未来能成为什么样子。只有到了这时，浪漫才会重新降临。

虽然学习和智识生活并非学界专业人士的专属领域，但是，学者们是学术的官方卫士，因而也是复兴智识生活的不错起点。但我也希望，这本书会落入对智识感兴趣的非专业人士手中，并引起他们的共鸣。如果智识生活能够从草根阶层重振，那么我们甚至更能受益。

本书接下来要讲述的形象和故事究竟是符合史实还是带有虚构成分，我并不特别在意。在一定程度上，这是因为我并不十分确定两者之间有本质的差异。优秀小说能够与真相产生回响，优秀历史同样能讲述感人的故事。文学形象能启发现实生活中的人物，反之亦然。我们的生活可能深受书籍的影响，而书籍反过来往往能反映我们的生活。

在本书中我将讲述自己的人生故事。在我探寻智识生活是什么，以及智识生活对个人的幸福和人类社会的繁荣发展发挥了什么作用时，有众多人物陪伴着我。他们也会像陪伴我一样陪伴你走过这段历程。

我之所以小心翼翼地选择"探寻"这个词，就是希望你，我亲爱的读者，能和我一起摸索。毕竟，人人都过着自己的生活，运用大脑的方式尤其不同。在我觉得走投无路之处，你可能会找到出路。在我理解起来毫不费力之处，你可能会觉得不得要领。我的很多想法并不成熟，有些观点可能还非常幼稚。希望你用自己的方法使其完善——或者另起炉灶，提出其他想法。

第一章　世界的避难所

已经属于这极少数的道中之人，他们尝到了拥有人生哲学的甜头和幸福，已经充分地看到了群众的疯狂，知道在当前的城邦事务中没有什么可以说是健康的，也没有一个人可以做正义战士的盟友，援助他们，使他们免于毁灭的。这极少数的真哲学家全像一个人落入了野兽群中一样，既不愿意参与作恶，又不能单枪匹马地对抗所有野兽，因此，大概只好在能够对城邦或朋友有所帮助之前就对己对人都无贡献地早死了。

由于所有这些缘故，哲学家都保持沉默，只关注自己的事情。他们就像一个在暴风卷起尘土或雨雪时避于一堵墙下的人一样，看别人无法无天，但求自己得以终生不沾上不正义和罪恶，最后怀着善良的愿望和美好的期待而逝世，也就心满意足了。

——柏拉图，《理想国》第6卷496D

世界

在巴黎的一栋豪华公寓大楼里，居民们——公务员、律师、贵族——正在为一整天的会议做准备。花一个小时与媒体交流是其与游说者、立法者、董事会成员、客户、企业合作伙伴对话的序曲。筹码在赌桌上移动，盈利变成损失，损失变成盈利。你把一切都押上作为赌注，而游戏规则瞬间发生了转变，人们开始了另外一种游戏。热门流行语被口号代替，口号又被新的流行语代替。有人赚钱，有人赔钱；有人赢得选票，有人失去议席。家里的顶梁柱（一般来说是男人）返回家中，回到已经有些神经质的妻子身边，她为缓解内心的焦虑，寻求了一种又一种慰藉，如特殊饮食、瑜伽、心理治疗、药物治疗、慢跑、正念。他们的孩子也很焦虑，为了得到老师的认可而夜以继日地学习，希望以优异成绩进入下一个学习阶段。呈现在他们面前的未来就像一系列没有尽头的奖励等待他们去赢得或失去，其间的价值层次是无穷无尽的，有着无限的吸引力。清晨，清洁工"神不知鬼不觉地"前来打扫厕所、洗衣服，水管工来修理管道，电工来维修电线，锁匠给门上油换锁，叫不上来名字的司机不停地接送客人。大楼的前台记下居民交代的事宜，打电话招来工作人员，指导清洁工干活，收取邮件。

古代雅典因帝国的战利品而变得富有。那些击退波斯入侵者、发明科学思辨方式、写下壮丽悲剧的人都已经去世或即将离世。他们富有的子孙把时间浪费在战车比赛和马术上，或者学习演说术，以便在战争胜利后榨取更多利益。曾经有福同享、有难同当的团体已经分化成富人和穷人两大阵营，双方都在敏锐地观察对方的劣势，都等着瞅准机会下手。

在罗马人统治下的巴勒斯坦，一位年轻妇女已经到了生育年龄，正准备结婚。她将从伺候父母变为伺候丈夫，她将会给他生下儿子，直到她去世。接着，她丈夫可能再娶另外一位妻子。到了儿子长大后，他们又会娶妻生子，如此循环往复，永无止境。

在20世纪初的中欧，科学发现正层出不穷。细胞和细菌变得清晰可见，许多疾患病症也得以治愈。数学已经阐明电磁规律；新理论有望融合物理学和化学，揭示光的本质。随着人们加深对自然结构的理解，科学的运用范围也越来越广泛。科学扫除了似乎会一直阻碍人类繁荣兴旺的障碍，守护了人类的安全和健康，给人类生活带来极大便利。科技成果同时也壮大了欧洲的军队，在空前的和平与繁荣，以及人类文化、音乐、美术、文学和学术的蓬勃发展之下，不知疲倦地翻腾着。

在意大利、西班牙和战时法国的法西斯政权下，政治领导人在广播中满嘴谎言。敌人兵临城下，战事迫在眉睫。战争锻炼造就男子汉，新世界可能来临。人们预计谎言提供谈资，并将影响公民的选择和生活。如果有谁流露出不相信这些谎言的任何迹象，秘密警察无所不在的眼线就会将其告发。人们根本无法知晓异议者被抓进监狱或集中营后遭受残酷折磨的情况。

在两次世界大战之间，美国北部一位年轻的非洲裔美国人前途渺茫。在他小时候，他那易怒且桀骜不驯的父亲惨遭白人杀害，他的家庭被当地福利办公室强行拆散。虽然在除他以外全是白人的班级里成绩最好，大家却希望他将来成为木匠或看门人。他像父亲一样愤怒和叛逆，投身于纽约和波士顿的喧嚣之中，贩卖毒品，追逐女性，赌博。后来他被捕入狱，住在一个牢房里，木桶被当作马桶。在监狱看守们非法兜售的毒品的诱惑下，他染上了毒瘾。

战后的那不勒斯陷入极度的贫困之中。黑帮团伙从事各种带有垄断色彩的、利润丰厚的生意。曾经对自己的工作引以为傲的工匠们现在没了工作，因为无力养家而备感痛苦。他们因沮丧而对妻子、孩子和邻居暴力相向。身为丈夫和父亲的男人们在死亡或入狱之后，妻儿老小往往受到各种欺负。往事避而不谈，前景不敢想象。暴力提供了报复他人、寻求娱乐和得到安慰的机会，人们甚至为了暴力而使用暴力。学校里的竞争变成了街头斗殴。

在下文中，我指的"世界"是需要逃离之所。我用这个词指的不是整个世界，不包括动物出没的荒野，不包括拥有花园、农场和家庭的人类社群的全部方面。我指的是社会和政界，它们常常更像上文所举的这些例子。这样的世界由野心勃勃、争强好胜、无所事事、追求刺激的人所主宰。这是一个任何东西都可以买卖的市场，在这个市场里，即使最珍贵的东西也会沦为商品或奇异的景观。普通民众成为政客实现目的的工具，暴力潜伏在每一次经济螺旋式下降的终点，隐藏在每一次表面的成功之下。在这个意义上，这个世界是人们默认的现实，但人类的其他可能性并没有彻底消失。

逃离这样的世界意味着什么？什么样的逃避是切实可行的？

书呆子的逃离

我们刚刚开始本书的主体部分，可能已经因为提出了能否逃离这个世界以及如何才能逃离它的问题使你恼火。可能你想知道如何改变这个世界，这样就没有人想逃离了。我们将这个问题暂时搁置。请允许我大胆地想象一下，就目前而言，你所设想的变革之路行不通。

我从一个虚构的书呆子逃离的故事开始。[1]莫娜·阿查切2009年执导的电影《刺猬的优雅》讲述了三个人在巴黎一栋豪华公寓里的友谊。[2]故事的主人公是勒妮，一位长相丑陋的工人阶级中年妇女，她是这栋楼的门房。勒妮的中年生活是用令人不安的现实主义手法拍摄的——镜头里的她身材粗壮，长相朴实，穿着宽松的羊毛衫，独自一人吃巧克力。然而，勒妮对帕洛玛有着神秘莫测的吸引力。帕洛玛是个来自特权家庭的12岁女孩，她被家人那种没有意义的生活所困扰。帕洛玛的父亲是政府部长，母亲是一名心理治疗师和神经病学专家。独自一人的时候，帕洛玛想象着一个没有竞争的世界，并且异想天开地策划她的自杀。勒妮还吸引了这栋楼里新来的日本人小津格郎，他对她有点儿意思。这样一个不起眼的人物竟然会引发一段浪漫故事，观众对此或许会感到震惊。

勒妮在电影里的中年形象的前身是艾米，R. W. 法斯宾德1974年的作品《恐惧吞噬灵魂》的浪漫女主角。[3]不同于当代好莱坞电影的中年人物形象——如黛安·基顿在2003年的《爱是妥协》中扮演的一位成就卓著、美貌迷人且性感依旧的富有女剧作家——法斯宾德电影中的艾米是一位肥胖的、满脸皱纹的、愚蠢的清洁工，生活在社会的最底层。艾米爱上了一名年轻的摩洛哥籍工人，但这让她那排外的孩子、邻居和同事感到厌恶。勒妮爱上了小津格郎，冲破了她和大楼里富人之间那堵无形的墙。在这两个例子中，爱情将人真正联系到一起，这种联系在他们所处的看重外貌的社会环境中显得卓尔不群。

《刺猬的优雅》在这个主题上的转折是，这种令人不安但真实的人与人之间的联系，其来源和基础是对学习的热爱。尽管勒妮社会地位低下，人到中年，相貌丑陋，在公众面前显得暴躁和无知，但她有个秘密：她会如饥似渴地阅读各类图书，如著名小说、哲学书、历史书和古典作品。当她的邻居们在楼上的晚宴上喋喋不休、搔首弄姿之时，镜头切换到勒妮这里：房门关着，她独自坐在餐桌旁阅读着哲学作品。随后我们看到她躲在厨房后面的一个隐藏隔间里，那里面堆满了书，还有一把椅子，可以让人坐下来阅读。正是她的秘密生活吸引了那位日本追求者——小津格郎，以及电影主角帕洛玛。小津格郎与勒妮结识是因为他们的猫，两者都是以托尔斯泰小说中的人物命名的。电影的女主角帕洛玛发现勒妮不小心将一篇哲学论文落在厨房的桌子上，意识到勒妮是个与自己志趣相投的人。在一段主要剧情中，帕洛玛在勒妮的厨房里注意到了读书室关着的门。出于好奇，她问道："那扇门后面是什么？"正是勒妮隐藏的智识生活和她对阅读及思考的浓厚兴趣吸引了影片中的其他人——帕洛玛和小津格郎，支撑了其友谊，并且提供了逃离周围世界特权泡沫的避难所。

影片中描绘的智识生活有如下四大特征：

1. 它是人的一种内心生活，是静修和反思之所。
2. 它**从世界中抽离出来**；在这个世界中，人们把世界理解为争夺财富、权力、声望和地位的地方（对世界的这种认识先由柏拉图提出，后来被基督徒采纳）。
3. 它是**尊严**的源泉——勒妮爱好读书，与她地位低下、没有孩子、过了生育年龄、没有魅力的工人阶级女性形象形成鲜明对比。
4. 它打开了**交融**的空间，允许人与人之间建立起深刻的联系。

我们在培养内在性时，会把对社交放松或地位提升的关注放在一边。我们会忘记缺乏生活必需品带来的紧迫感和焦虑感，哪怕只是暂时忘记。追求内在性和遁世可以在外部空间中有所体现，内心的思考和想象却可以隐藏，既无声也无形。我们可以逃离这个世界，来到一个真正封闭的空间，如勒妮的秘密阅览室一样，远离公众视线。或者，我们可以找一个远离城市的山区隐居处、修道院或大学校园，这些场所似乎都是自成一体的小世界。

但不要把空间的比喻看得太重，这很关键。逃离世界进入内心也可能会让人陷入一种无意识的麻木状态。在《会饮篇》中，柏拉图描述他的老师苏格拉底盛装出席一个晚宴，在宴会入口处，他突然陷入沉思。[4] 根据历史学家普鲁塔克的说法，伟大的数学家阿基米德专注于他的数学证明，竟然没有注意到罗马人已经攻占他的城市。他坚持要完成工作，结果被一名士兵杀死。[5] 后来，一位作家给他加了最后一句话："不要干扰我的工作。"[6]

苏格拉底在前往一个城市聚会的路上陷入沉思，阿基米德在敌军攻入城市之际仍然专心致志地研究数学模型，他们无疑提供了逃离世界的典型例子。逃离世界需要抛开一系列**顾虑**，如勒妮的富裕房客的要求、满脑子身份地位的晚宴宾客警惕的目光、社会风险和政治风险，甚至生活必需品和生死问题。空间障碍或物质障碍的用处只在于帮助我们集中注意力，防止我们因受到干扰而分心；需要我们注意力高度集中的并非只是学习、理解和反思。求知、学习和理解的愿望与渴求其他任何东西的愿望之间存在着一些根本冲突，对此我们很难注意到，更难以描述。如果渴求的东西与社会生活及政治生活有关，就更是如此。

我们可以从逃离外部世界和追求内心生活的结合中认识到：我们正在寻找一种**休闲**形式，一种工作之外的存在方式，一种本身有意义且可以让我们达到人生顶点的活动形式。勒妮在完成了生活所需的工作之后，会做她最喜欢做的事：阅读和思考。苏格拉底和阿基米德一度忘记了自己的社会作用：教导他人，挑战同胞，制造有用的机器。他们做了最能定义他们也最能刻画其特征的事——塑造自我。

人的尊严常被社会生活和社会环境所否定或削弱，但是，在闲暇中追求内在的精神生活可以使人找回尊严。尽管苏格拉底家境贫寒，常常赤脚走路，但追根究底的精神让他看起来超凡脱俗。勒妮与世隔绝的内心深处有一种反抗精神：她拒绝受制于自己低下的社会地位，这种反抗源于不由自主的失败，因为没有哪个孩子梦想自己长大后成为一栋公寓楼的门房。然而，她对上层阶级邻居产生的吸引力表明，贫穷只是社会地位所导致的不把人当人的一种方式而已。富人将其身家放在豪华的房产、私人飞机、名牌服装和精致美食之上。但是，人不是带玻璃幕墙的摩天大楼或闪闪发光的跑车，美容技术再高超也只能修饰外表。人渴望的东西超越了纯粹的物质层面或社会层面，而这种需要难以用言语来形容。帕洛玛和小津格郎的身份地位虽然很高，但他们在跨越自己所属的社会阶层与楼下门房交朋友时，其实是在找寻自己的尊严。

当一个人的真正价值因社会生活的打压和草率判断而得不到认可时，智识生活是恢复它的方式之一。这就是为什么人们可以从中找回尊严。在普通的社交生活中，人们用知识来换取金钱或权力，换取认可或归属感，以此彰显优越感或获得高贵的身份地位。这被社会普遍接受，是抬升自己、贬低他人的手段。但是，人的价值并非只体现在其社交用途方面，以其他更加重要的方式与他人联结是完全有可能的。这样的联结可以存在于书呆子的快乐友谊中，也可以存在于和他人一起不懈追求某个真相的过程中（尽管自己本来难以忍受此人）。

如果没有共同的人性内核，我们就无法领会与他人深度联结的体验。同样，如果我们身上没有东西能超越财富、社会地位或政治成就等，那么内心生活的培养价值就不那么显著了。为学习而学习的智识生活以此暗示了一个神秘主体——善于思考或反思的人，他们有隐形的价值或尊严。但是，尊严是什么？为什么它如此重要？这很难讲清楚，本书中的大多数大问题都是如此。我只能概述一些可能性，剩下的需要各位读者自己去找出答案。

在我们探讨神秘的思考主体，探讨人类的尊严和辉煌之前，我们需要研究另一个方向——为学习而学习的神秘**对象**。一个人不仅可以通过隐居、独处和沉默滋养其内心生活，也可以通过专注于某项事业来实现。就像对几何问题有浓厚兴趣或对鸟类生活着迷一样，阅读小说或哲学作品可以丰富人的内心生活。然而，并不是每种集中注意力的方式都会丰富内心生活：一小时又一小时地独自观看 YouTube（优兔），这与勒妮的静修不是一回事。把注意力放在自己身上的普通行为也和它不同，比如培养对涩口利口酒的喜好，或者花几个小时在镜子前尝试完美发型。就像大多数独自一人所做的事情一样，这些活动并不能丰富内心生活。使真正的学习和智识生活得以实现的合适关注对象是什么？是什么赋予它们特殊的价值？探究这些问题的最好办法，是扩大形象和示例的范围。

追求内在性的形象

> 凡尘之人以神为名
> 称呼那崇高幸福：
> 毫无半点猜忌的忠贞不贰，
> 没有任何疑虑的真挚友谊；
> 光辉点亮智者孤独的思想，
> 火焰照耀诗人优雅的意象。
> 我在最好的时光拥有这一切；
> 从她身上发现，
> 为我自己发现。
>
> ——歌德，《致永恒》

那些有清醒自我意识或有抱负的知识分子经常被雅典

学园的伟大形象所吸引：在拉斐尔想象的学园聚会上，大胡子多神教徒们抱着厚厚的书籍，自信地在如天堂般的庭院里大步行走，顾盼东西，指点江山。一个不太为人所知的智识生活形象是热爱读书的少女，其实这个形象在欧洲艺术中更古老、更常见。尼德兰油画大师扬·凡·爱克在《根特祭坛画》中所绘的圣母马利亚饰以珠宝冠冕，如同天堂女王，垂下的目光落在手中的法典上。最常见的场景是年轻的马利亚在房间里等着天使加百列。有时她被一摞摞的书包围着，正在进行重要的研究（比如1383年的《格拉博祭坛画》和1455年菲利波·利比的《天使报喜》）；有时她在读《圣经·诗篇》那样简短的作品（如1438—1445年安吉利科的《天使报喜》）。在许多绘画作品中，天使到来时，马利亚正在阅读有关先知以赛亚的部分，其中写到一位少女将受圣灵感孕生下万王之王（如1513—1515年马蒂亚斯·格吕内瓦尔德的《天使报喜》）。

　　根据最初由古代《圣经》评注者奥利金确认属实的圣传（《路加福音布道词》6.7），马利亚精通《希伯来圣经》，研究过法律，每天冥想先知的话，所以她明白天使告诉她的口信，即她要生个儿子，这是上帝拯救计划的一部分。她的智慧和学识解释了她在《路加福音》中回应天使报喜时的谨小慎微——她问："我没有出嫁，怎么有这事呢？"（《路加福音》1∶34）4世纪时，教会神父安布罗斯赞扬了她的表现——既没有像前面的撒迦利亚一样直接拒绝，也没有因为害怕天使而仓促同意（《路加福音评注》对1∶34的评论）。

从约瑟和马利亚之间一段古老的叙利亚语对话中，我们可以想象约瑟因马利亚似乎不贞洁而指责她，而马利亚则反过来指责他对《圣经》了解太少：

> 约瑟：你像水一样误入歧途了，纯洁的女孩；拿着《圣经》读一读就明白，处女不性交是不会怀孕的，而非如你所言。
> 马利亚：你误入歧途了，约瑟；你该去读《以赛亚书》，里面写的都是我的事——处女怎样怀孕生子；如果那不是真的，就不要接受我说的话。[7]

马利亚的好学成了榜样，教会神父号召基督徒向她学习。安布罗斯在他的美德目录中列入了"勤奋阅读"，还解释了天使找到她的条件：

> 天使进来时，发现［马利亚］独自在家，没有同伴，没有人打扰她或干扰她的注意力；她本人也不期待有女性相伴，因为她已有绝妙思想为伴。此外，她独处时似乎并不怎么孤独。她有那么多书、那么多大

天使、那么多先知陪伴，怎么会孤独呢？[8]

她与书为友的独处标志着她的独立性，也表明她没有强烈的企图心，能够专注于手头的事情。在天使出现的那一刻，她的这些品质表现得更为明显，因为天使的提议对马利亚来说是巨大的挑战，不亚于上帝让亚伯拉罕去杀掉他的儿子。如果我们把马利亚想象成真实存在的人，就会知道她一定有很多计划、兴趣和顾虑，例如，她与约瑟即将完婚，她与父母、所在村庄和宗教长老的关系。福音书中从来没有提到过的一个事实，那就是未婚先孕会令一个女性面临被处死或遭到流放的后果。马利亚接到的邀请是让她承受显然可怕的命运。她专注于内心生活，热爱读书，再加上《圣经》的教导，使她能够不顾天使提议的社会后果而答应下来。只有极其信任社会生活所提供的良善之外那种更深的良善，才有可能同意这样激进的决定，而这种信任只有在内心不受干扰的情况下才能培养出来。

由勤奋好学表现出的马利亚对内心生活的关注，也是其永葆童贞的含义的一部分。她没有屈从于她的群体确立的女性共同使命——满足男性的快感和延续家族血脉——因此她的童贞也确保了她的尊严以及她那超越单纯社会效用的地位。社会充满猜疑，是野心和竞争的渊薮，催逼着人们相互利用和把彼此当作工具。人们常将精力耗费在焦虑和鸡毛蒜皮的琐碎事务之中。只有脱离社会羁绊,人性和神圣生活的根本才会变得清晰。

因此,在中世纪和文艺复兴时期关于天使报喜的油画中,马利亚总是独自一人,有时候明显远离喧嚣的城市街道(见克里韦利1486年的画作《天使报喜》),画中总是特别强调一个隐蔽的房间(她的庇护所)。她的智识在"封闭的花园"中秘密成长;这代表了上帝的话语和她自己之间的紧密联系,在这里,圣言立刻被理解为神圣的邀请,也被理解为她子宫里孕育着的耶稣。[*]因此奥古斯丁说:"天使报喜;圣母听、信、怀,心中有信仰,腹中有基督。"[9]奥古斯丁在此回应了保罗:"可见信道是从听道来的,听道是从基督的话来的。"(《罗马书》10:17)奥古斯丁也为信徒树立了榜样。普通信徒也应该听、信、怀、生:"你心里相信公义,你就怀上了耶稣;你口里忏悔得救,你就生下了耶稣。"[**,10]

马利亚就是靠智识生活摆脱外部世界、培养丰富内心生活的一个形象。也许,古代的神父们认为她只是耶稣圣体

---

[*] 在基督教中,"圣言"(Word)有两个含义,一个是"上帝的话语"(Word of God,又称"上帝之道"),另一个是三位一体中上帝的第二位格,即圣子,道成肉身便是耶稣。——编者注

[**] 奥古斯丁此话对应的《圣经》原文是:"因为人心里相信,就可以称义。口里承认,就可以得救。"(《罗马书》10:10)——编者注

的孕育者。不过,对他们来说,她的内心生活至关重要:她同意生子的神圣计划固然最为关键,但她也具有智识的美德——体贴,有智慧,善于理解——这样她才有可能同意该计划。面对每天的压力和要求,她选择了最重要之事。因此,她的形象反映了一个人发展的最高阶段,充分体现了人性的尊严与辉煌。她在世界历史的关键时刻做出了行动,同时也成了可供任何人模仿的楷模。

马利亚热爱读书的形象是虔诚的形象,这源自古代神父们的虔诚信仰,再加上多个世纪以来信徒的真诚投入。她与我们前面提到的人物(书呆子勒妮、苏格拉底和阿基米德)形成呼应,这表明该人物形象具有普遍性。其实,这种人物的很多特征在其他地方也有所反映。

下面以阿尔伯特·爱因斯坦的故事为例。作为物理专业毕业生,爱因斯坦找不到在大学里从事教学和科研的工作,被认定为失败者。他做了七年的专利员;业余时间写了有关光电效应、布朗运动和狭义相对论等方面具有开创性意义的论文,这些论文彻底颠覆了物理学。他称专利局为"世俗修道院,我就是在此萌生出最美妙想法的"。[11]

爱因斯坦称专利局为"世俗修道院",他的意思是,这个处理法律事务的场所对普通雇员来说是提供某种公共服务以换取谋生的地方,对他来说却是逃离和退避的处所。对他人而言,专利局可能是闪亮耀眼的公务员职业生涯的起点。

但是，对爱因斯坦而言，它就像修道院，因为办公室里没有需要讨好的教授，没有需要安抚的大学管理者，也没有必须向其证明老师存在价值的学生。因此，专利局主要是考验一个人对学习的热爱的地方。在此，雄心壮志遭遇挫折，所有工作都必须完全靠自身的动力推进，而不是靠胡萝卜加大棒的奖惩机制。在安安静静的专利局，自然结构之美得以攫住他的注意力，在他眼前清晰显现。

在讨论真正的学习在其他环境中所受的威胁时，爱因斯坦将学术生活的"胁迫"与滋养天然好奇心的自由进行了对比：

> 事实上，现代教学方法还没有完全扼杀探索的神圣好奇心，这简直是一个奇迹；因为除了鼓励和刺激，这娇嫩的小植物需要的主要是自由；如果没有自由，结局肯定是遭到破坏和毁灭。人们认为可以通过强迫手段和增强责任感来培养小朋友们学习的乐趣，这是非常严重的错误。相反，我相信，如果借助鞭子迫使一只野兽哪怕不饿时也必须不断进食，就算是健康猛兽的贪吃欲望也可能被消耗殆尽。[12]

在爱因斯坦看来，我们天生就渴望探索，就像植物天生往上生长一样；通过激励和惩罚来强行发展这种学习欲望，与强迫肉食动物进食或强行揠苗助长一样没有任何意义。

虽然幼小的植物可能会自然而然地向上生长，但爱因斯坦像隐士一样前往专利局工作并非像马利亚那样是自己的主动选择，而是在学界寻找工作失败后不得不接受的无奈选择。虽然他认为在挣扎谋生几个月之后，专利局的工作算是使他得救的恩典，但是他仍然试图在学界获得职位，表明专利局的职位并非这个渴望获得认可的四处求职的毕业生的首选。[13] 对于我们这些没有能力或远见为自己选择一个安静、隐蔽之所的人来说，失败也许是通往内在性的最佳途径。

如果爱因斯坦不是早已习惯了退回数学和自然的世界里，他在学界求职的失败可能不会产生如此丰硕的成果。他妹妹回忆道："小时候，即使在周围人数众多、极其吵闹的情况下，他也能够独自坐在沙发上，手里拿着笔和纸，把墨水台放在扶手上，摇摇欲坠，全神贯注地思考某个问题。周围的众声喧哗不仅没有干扰他，反而刺激他思考得更加深入。"[14]

有人可能会认为，爱因斯坦在自己的内心生活中找到了出路，帮助他看清了自己所处的社会环境，而且他经受住了某种考验。多年之后，爱因斯坦的研究成果得到学界认可，他也开始在柏林一家研究所任职；但在第一次世界大战爆发时，他发现自己与同事们意见不合。德国科学界的众多学者聚集起来支持政府,愿意把自己的才华奉献给祖国以赢得战争。83位杰出知识分子签署了一封公开信,支持德国政府的侵略政策。爱因斯坦最亲密的朋友是才华横溢的化学家弗里茨·哈伯,这位化学家将自己的才智用于发明可在战争中使用的毒气,成为杀害和威胁成千上万名士兵的帮凶。[15] 20世纪初的德国处于人类文化的顶峰:科学、文学、学术和音乐皆是如此。但它致力于对外征服和大规模屠杀,这证明了高雅文化让人变得更有人性的说法是彻头彻尾的谎言。

我们或许可以看到,爱因斯坦因为热爱物理学,所以对欧洲科学界在战争压力下陷入分裂状态自然深感痛心。此外,他在社会和学术上的失败,包括他在专利局的长期与世隔绝,让他能够从一个有利的位置清醒地看到战争的恐怖,并使他在巨大的社会压力面前仍然能拒绝支持战争。他当时写道:"我开始在当下癫狂的混乱中渐渐感到自在些了,有意识地与引起公众疯狂的所有事物都保持一定距离。人们为何不能作为'疯人院'中的一员而快乐地生活呢?所有疯子都得到尊重,因为人们所住的疯人院就是为这些人建造的。"[16] 因此,爱因斯坦将专利局当作世俗修道院是有渊源的:早在孩提时代,他就能在身处热闹的聚会时仍聚精会神地做数学题。这已经预示了一位天才的出现,他能够看清自己所处的社会和政治环境的"疯人院"本质,而在其他人看来这样的环境是寻常的,甚至是伟大的。

第一章 世界的避难所

爱因斯坦那样的失败经历是让人退入内在世界的一种途径，另一种途径是强制的力量。法国数学家安德烈·韦伊是哲学家西蒙娜·韦伊的哥哥，在20世纪40年代初曾因拒绝服兵役而被捕入狱。[17]在狱中，他进行了一项重要的数学证明——函数域上的广义黎曼猜想。他给妻子写了一封信，调侃了自己的处境并乐在其中：

> 我的数学研究工作的进展太过超乎我的想象，好得让我甚至有些担忧了——如果只有在监狱里，我的工作才能如此有成效，那我是不是需要每年都把自己锁起来两三个月呢？与此同时，我正在考虑给当局写一份报告，内容如下："尊敬的科学研究所主任，您好！最近通过个人经验发现，在监狱中待一段时间有利于进行不涉及利益纠葛的纯粹研究，故不揣冒昧……"
>
> 至于工作，我很顺利。今天，我给老爸嘉当*寄去了稿件，以发表在《法国科学院周报》上。之前我从未给《法国科学院周报》写过这样的短论，甚至没在那上面见过这样的短论，那么多的内容被压缩在这么小的篇幅之内。我对自己的研究成果非常满意，主要是因为这

---

* 法国数学家埃利·嘉当（Élie Cartan, 1869—1951）因为对学生有问必答而被亲切地称为"老爸嘉当"（Papa Cartan）。——编者注

个成果是在监狱中取得的（这一定是数学史上的第一次），而且，它也可以作为一条很好的途径，让数学界的同人认识我。一想到我证明的定理是多么美妙，我就激动万分。[18]

人们可能会认为韦伊在监狱里取得更好数学成果的原因并不复杂：更多自由的时间，更少日常生活的干扰。韦伊开玩笑说，监狱有利于"不涉及利益纠葛的纯粹研究"，并像爱因斯坦一样，称赞自己研究的定理之美。因此，他本人也认为自己的研究成果得益于不受社会议程或政治议程、社会竞争、社会等级差异、抱负和他人期望的影响。在监狱以外的地方，对美好定理的探索可能会被看似更紧迫但其实不那么重要的事给排挤掉。

韦伊认为他是在监狱中进行数学研究的"第一人"，但19世纪的高卢瓦也在监狱里进行过数学研究；事实上，监狱已被证明是许多智识活动的沃土。意大利共产主义领袖安东尼奥·葛兰西被墨索里尼的法西斯政府监禁了11年。在监禁期间，他的健康状况急剧恶化，最终他在46岁就去世了。在监狱里，他读了所有能弄到手的阅读材料，写了3 000页的笔记和信件，这些笔记和信件最终被传到他的朋友和追随者手中。他在被捕之后写道：

> 我被下面这个想法折磨着（我认为这对囚徒来说是很自然的）：根据歌德提出的复杂概念，我应该做些"永恒"之事。我记得这让我们的帕斯科里[*]十分痛苦。最终，我想按照预先制订的计划，深入系统地专门研究一些吸引我并能让我专注于内心生活的永恒课题。[19]

在监狱里，葛兰西开始研究意大利知识分子、比较语言学、剧作家皮兰德娄、连载小说和大众的文学品味。周围环境的凄凉和肉体的痛苦迫使他遁入了他所说的内心生活。

葛兰西求助于内心生活和永恒这个概念，这与他自己对思考和哲学思辨的描述格格不入，因为他认为思考和哲学是嵌在社会阶级斗争中的。如果我们认为脑力劳动不能脱离政治，那么内在性当然就没有价值。的确，葛兰西提到了歌德的诗《致永恒》（本节开头引用部分），而这首诗表明永恒存在于此时此地，而不是非实体的、超验性的存在或上帝。但是，歌德理解的永恒似乎仍是个体的，面向内心且超越政治。

我们也许可以把葛兰西的内心生活看作他的一种意志的体现，表明他决心反抗政治对手，以及反抗他认为阻碍社

---

[*] 乔瓦尼·帕斯科里（Giovanni Pascoli，1855—1912），意大利诗人，23岁时因积极参与政治活动曾被捕入狱。——编者注

会和政治最终解放的力量。根据这种解释,他的脑力劳动仍然指向一个实际的政治工程,只不过他单单使用文字来对其做出贡献。这种说法非常符合逮捕他的人的看法:根据一个老故事,在对他的审判中,检察官指着他说:"20 年了,我们必须阻止这个大脑发挥作用。"[20]

马尔科姆·爱克斯也许是智识在监狱中得到发展的最著名和最具戏剧性的例子。[21] 马尔科姆·利特尔(他出生后的名字)曾经因吸毒、嫖娼和轻罪被关进监狱。在监狱中,他遇到了一个博学多才的人——约翰·埃尔顿·本布里。这个约翰痴迷于研究历史和文化,能够谈论各种各样有意思的话题。马尔科姆听从对方的建议开始阅读(先是字典,后是有关词源学和语言学的书),并学习了初级拉丁语和德语。受兄弟们的影响,他还皈依了伊斯兰教。在随后的几年里,他阅读了《圣经》和《古兰经》,以及尼采、叔本华、斯宾诺莎和康德的作品,还有亚洲哲学著作。他仔细阅读了一本特别招人喜爱的有关东西方考古奇观的书。他了解了殖民史、奴隶制的历史和非洲民族的历史。他感受到自己过去的思维方式"就像屋顶上的雪一样"[22] 消失了。他在给哥哥的信中写道:"我真是个诗迷。当你回想我们过去的生活时,只有诗歌最适合填补我们内心巨大的空虚。"[23] 他在另一封信中把他在监狱里的时光描述为"因祸得福。监狱给了我独处的机会,这种独处让我在很多个夜晚的沉思冥想中都萌发出智慧的火花"。[24]

出狱后，马尔科姆成为伊斯兰联盟*的一位教长。他代表陷入贫困和受到种族偏见滋生的暴力困扰的非裔美国人社区，发出清晰而有力的声音，并因此名声大噪。但是，在滔滔不绝的公开演讲背后，他是个非常自律、喜欢内省的人，不断努力看清事物的本质，并据此采取相应的行动。因此，随着时间的推移，他开始拒绝伊斯兰联盟的反白种人教义，转而信奉影响更广泛的正统伊斯兰教人道主义。他第二次改宗的顶峰是去麦加朝圣，在那里，他看到位于大清真寺中心的克尔白："成千上万的朝圣者，不分男女老幼、高矮胖瘦、肤色种族，都齐聚在那里。"[25] 这一场景激发的思想转变使他付出了生命的代价：他被以前群体的成员杀害。杀害马尔科姆的凶手可能得到了美国官员的帮助，这些美国官员认为他首次信仰的转变所体现的反白种人特征是一种威胁。[26] 因此，马尔科姆是拿生命为赌注实现两次重大思想转变的。

马尔科姆在监狱中培养起来的内心生活似乎与其专注于最重要之事的决心密不可分，他要努力保持与外部世界的接触和联系。因此，正如我想象的，他对内在性的追求允许他专注地应对最棘手的处境。他谈到了20世纪五六十年代在社会层面要求较高、渐进发展的民权运动之外的问

---

* 伊斯兰联盟，20世纪30年代初成立的黑人伊斯兰教政治组织。——编者注

题。他不是为了社会后果或立法结果而发声的，他也没有对自己的话精雕细琢以塑造某种特定的效果。相反，他直言不讳地提出了一个没人愿意思考的观点：非裔美国人拥有反对不公正暴力的自卫权。他强调，人人都想忘记的那些人是有尊严的，他们是城里社会底层的非裔美国人，追求种族间正义的成功立法运动最终可能会遗忘他们。指出一个令人不安的真相以及社会和政治的重大失败，有时会被称为预言。像希伯来先知一样，他揭露了没人愿意点破的社会不公现象，抨击了为政治目标而精心策划的行为，以及出于私心而拒绝承认现实的行为，这种否认总是迫使我们过快地感到满足。

内在性、深度与自然研究

> 我们的思想冲破了天空的壁垒，不满足于了解已经揭示的东西。
> ——塞涅卡，《论休闲》，约翰·W. 巴索尔英译

我们的新例子更加生动地说明了追求内在性的含义和从这个世界逃离后的生活将变成什么样子。在办公室或者监狱牢房里可以找到热衷于内心生活的人，他们可能在思考数学问题、上帝的话语或本民族的历史。然而，如果扩大研究

范围，我们在确定沉思的对象时将越发感到困难。这些人的处境或许在某些方面是相似的，但是，关于不同的读者和思想家都在想些什么，我们通常能说些什么呢？马利亚研究《圣经》，爱因斯坦研究自然的数学结构，韦伊研究几何问题，葛兰西研究文学与政治，马尔科姆研究历史、哲学和宗教：所有这些活动的共同之处何在呢？我们感兴趣的那种智识活动似乎并不包括简单的活动：坐在沙发上不停地切换电视频道似乎不符合这个模式。对内在性的追求和这些活动的复杂程度意味着思想**深度**而非表面形式。

神学家和哲学家奥古斯丁写到这种逃离时说，智者能够从私密的、瞬息万变的外在世界逃入具体的、永恒的内在世界：

> 当我们力争变得明智时，我们在做些什么？难道我们不是尽自己所能，将整个灵魂投入我们依靠头脑获得的东西上，全身心地置于其中，且不再为自己拥有的私人物品而兴高采烈（这些肯定是转瞬即逝之物），相反，我们抛弃所有那些受到时间和地点束缚之物，专注于理解永恒不变之物？[27]

在奥古斯丁看来，我们的习惯性生活往往只关注事物的表面。我们寻求美好或愉快的经历，或者得到群体认可的荣誉，而智识层面的努力把我们带入内心深处。

试想一下，在一个自己非常关心的话题上，一场强有力的辩论引发了某种自我意识：人们在意识到自己可能错了时，有时会突然陷入茫然无措的境地。在特别艰难的时刻，这种意识可能会触及我们内心的空虚处（我们在那里可以看见影响我们信念、感觉或欲望的任意对象的范围是多么广泛）。或者，我们试想一下某位伟大小说家的作品。在其小说中，日常生活中最单调的特征相互联系起来之后变得宏大，展示出特定人类社会的深度和高度，此外还与读者自身的经历、延续多个世纪的历史以及其他某些事物（动物、化学品、蔬菜，或者遥远的星系）联系起来。上面这两个例子阐释了智识可以开启的思维深度，这样的例子还有很多很多。

奥古斯丁在自传《忏悔录》中进行了自我审视，发现了无限的财富。在童年的幼稚恶作剧中，他看到了亚当的罪恶；在童年的游戏中，他发现人类受野心摆布且热衷于取悦他人。他自己的性冲动和对功名的渴望勾勒出了社会生活的大致轮廓，以及可能出现的各种问题。最让他着迷的是人类心智的无限潜能：

> 记忆的力量很强大，极其强大！哦，我的上帝，在我心中它有无限的空间。谁能到达它的最深处？它

是灵魂的一种潜能，属于我的本性。事实上，我无法完全把握住自己。因此，心智并没有大到足以容纳自身，但是，它不能容纳自己的那部分在哪里呢？……

当我想到这个问题时，我惊讶得不知所措，几乎呆住了。人们长途跋涉，惊叹于巍峨的高山、汹涌的波涛、奔流的长河、浩瀚的海洋和运动的星辰，却从来没有注意到他们自己。当我谈到这些事物时，虽然我没有亲眼看到它们，但它们已经浮现在我的脑海中，人们对此并不觉得惊奇。如果我没有看到过这些高山、波涛、长河和星辰，没有听说过大海，我就不可能描述它们；而在我的记忆中，它们之间存在着同样广阔的空间，就像我真的在外界看到了它们。[28]

人们可以牢记、想象、回味广阔的自然世界；然而，奥古斯丁的内在自我不止于此。幸福的本质、上帝本身、万物之源——所有这些对他来说都是从内心深处接近的。

奥古斯丁的《忏悔录》这本书本身就是探索发现的无限源泉；这本书已经被传阅了一千多年，现在仍然吸引着那些想要了解事物本质的人。读者可以通过自己对这本书的负面评价弄明白一些事情；也可以跟随奥古斯丁走一程，然后踏上另一条路；还可以一直跟随他走过整个旅程，甚至比他走得更远；像许多人做过的那样，花费一辈子的时间，只为了理解奥古斯丁本人，同样是可以的。

如果有谁不相信智识为我们开启的空间深不可测且广袤无际，那就可以花一些时间来看看业余自然爱好者的成果。毕竟，自然是具体的、外在的，根植于物质现实的。相比于变幻莫测的人心、创世上帝的无限，或存在性问题，它们应该更简单，也更容易驾驭。

威廉·赫歇尔和他的妹妹卡罗琳是18世纪业余天文学爱好者中的天才，是浩瀚无垠的大自然的绝佳见证人。[29]在28岁时，威廉作为一名管风琴手和音乐教师，住在英格兰的巴斯，养成了仰望星空的习惯。晚上，他往往在博福特广场花园里一待就是几个小时，凝视星星和月亮。他开始贪婪地阅读有关天文计算和推断的书籍，并建造大型望远镜。五年之后，他把妹妹从德意志带到这里，帮助他打理家务和推动不断发展的天文观测事业。卡罗琳的成长曾受到阻碍，她的面孔曾因童年时期的疾病留下疤痕，还遭到母亲和大哥的虐待和忽视。她曾经违抗他们的意愿，探索自己能学的东西，天文学对她来说简直就像水对鱼儿那般重要。

威廉和卡罗琳一起建造了一台望远镜，它比英国已知的任何望远镜（包括皇家天文台的望远镜）都更大、更强、更精确。为了建造它，他们花费了无数心血，夜以继日地打磨金属镜面。一次抛光往往要持续16个小时，卡罗琳不得不在威廉工作的时候把食物塞进他的嘴里。1781年,威廉正是使用这台望远镜发现了天王星;后来他们又制造了可携带的小型望远镜,卡罗琳凭借它成了一名成果丰硕的彗星猎手。

威廉和卡罗琳最终都将夜空牢记在心,能在没有星图的情况下确定恒星和行星的方位,并识别出到当时为止世人尚未认识和看见过的天体。威廉想象了宇宙的深处,在此之前很少有人这样做过。古人眼中固定不变的恒星构成的天球,在他的设想中成了被照亮的广阔虚空。甚至到了18世纪晚期,银河系仍然被认定为一个平坦的表面,就像肉眼看到的那样。正是威廉想象了我们从侧面看它的样子,认为我们的视角遭到阻挡,因此看不见其圆盘的形状,他还猜到它向外延伸,其探入的宇宙则有着难以想象的深度。

德国浪漫主义诗人歌德与赫歇尔兄妹大致处于同一时代,他年近三十时开始热衷于研究一些自然现象。[30] 他的首个兴趣是研究地质和矿物,最后写出了一篇有关花岗岩的文章。他研究过微生物,后来又研究云、薄雾和天气,并对光线和颜色的本质进行了广泛的探索。37岁时,他在意大利游记中展现出所有这些兴趣,里面包括的条目涉及岩石层的纹理、罕见的矿物、聚集在山顶的薄雾,以及他的最新兴趣——植物。

在意大利,他参观了植物园,观察了野生树木和农耕方式，收集了各色植物的标本和有趣案例。他在参观了帕多瓦植物园后写道，他猜想所有植物可能都起源于一种原型植物。在意大利逗留的两年时间里，他为一种相对更温和的理论找到了证据：一年生植物的基本器官是叶子，这是他在1790年的论著《植物变形记》中提出的观点。[31] 他的兴趣是植物学中所谓的"形态学"，即研究植物组成部分和形态的起源和性质。

歌德观察了多种一年生植物的生长和发育状况。他注意到花朵最外面的花瓣是叶子，有时只有其中一部分是叶子。他发现托着花冠的花萼是微小茎叶的集合体。曾经是一片叶子的花瓣收缩成性器官，即花药、花柱和柱头；而所有这些往往又会变回花瓣。最初由种子生成的叶子本身也产生种子，这一点在蕨类植物铺满孢子的叶子上最明显。长出小茎的主茎上的皮孔具有类似于种子的功能：一整株植物都可以从皮孔中长出来。歌德将植物生长和繁殖的整个过程解释为叶子的一系列变化：膨胀、收缩、聚结、分裂，以及从种子到节再到叶子的循环转换。在某种意义上，植物的每个部分也是植物，但每株植物都是一个和谐的整体。

他在意大利游记中描述了一年生植物原理的大发现：

> 在巴勒莫公共花园里散步时，我突然想到，在我们习惯称之为叶子的植物器官里，藏着真正的普罗透

斯*，它能以植物的各种形式来隐藏和展示自己。植物自始至终都只不过是叶子，它与未来的胚芽不可分割。我们不可能在想到一方时而不想到另一方。[32]

歌德在与诗人弗里德里希·席勒第一次相遇时详细讲述了他的植物理论。席勒脱口而出："那不是观察，不过是一种想法罢了！"[33]但是，歌德本人认为，现实的大部分是隐藏在肉眼能立即看到的外表之下。正如他所说：

> 我们试图透过现象认识本质时，会对这样一个事实感到困惑：事物的本质往往与我们的感觉截然相反，甚至可以说总是如此。哥白尼的日心说就是基于一个很难理解的观念；即使现在，它也与我们每天的感觉相矛盾。我们只是对既看不见也不理解的概念随声附和而已。植物的形态变化同样与我们的感觉相矛盾。[34]

如果地球围绕太阳的运动对我们来说是不可见的（正如歌德指出的那样，我们仍然说太阳东升西落），我们就应该预料到在许多情况下现实是不可见的，只有那些超越感官

---

* 普罗透斯（Proteus），希腊神话中一个早期海神，外形经常变化，使人无法捉到他。——译者注

认知能力的人才看得清。

然而，植物的形态变化显然是接受过高强度训练且细心程度难以想象的人观察到的东西。早在意大利旅行之初，歌德就说过："熟悉植物和熟悉其他物体是一样的：到了最后，我们都会不再思考它们。但是，见而不思，熟视无睹，何来观察？"[35] 我们认为"看"不过是与现实的简单接触。但是，当我们反复观看物体，以至到了十分熟悉的程度，我们就会对其视而不见了；如果要看清其本来面目，就要在动用眼睛之外再动用大脑。

尽管歌德十分投入，但他的植物学研究的这个阶段只是其人生的很小一部分：从他开始意大利之行到发表论著也只有四年的时间。此外，他的意大利游记中还有很多并非植物学的问题。现代的歌德传记中很少提到他的植物学研究以及他对科学整体的兴趣，绝大多数内容是关于其作品和生平的，有关植物学的部分则只是顺带提一两句而已。

18世纪也许是业余爱好者探索自然的黄金时代，当时的成就放到现在似乎难以企及，但是，深度体验自然要比我们想象的更容易。我们不妨想一下《游隼》的作者约翰·贝克，他在1967年出版了这部惊人的杰作。贝克是埃塞克斯的一名办公室职员，他骑自行车或步行跟随游隼进行考察，穿越了几乎整个郡，历时长达十年之久。[36] 对于一个身患风湿性关节炎且近视的男人来说，这样的活动一定让他感到很吃力。尽管如此，根据贝克本人的描述，他了解了游隼的猎物、飞行模式、复杂的捕猎方式，以及如何减少它们对人类的恐惧。他将自己十多年来写的大量日志浓缩成一本薄薄的小册子，其内容就好像一个人在六个月的迁徙季节里每天都在追踪一只游隼。

贝克与游隼的接触程度之深也体现在他精心推敲和撰写的语句之中，这些句子同时展现出了自然界的美丽与恐怖。[37] 他试图捕捉自然界的血腥真相，而不用人类的语言来描述它；但是，除了使用语言，他也没有别的途径了。他唯一的办法是唤起自然界无法与人性相容的不舒服感。在其中一页，他展现了宁静的田园式后院中的一次血腥场景："想一想冷眼鸫，它是草坪上的食肉动物、捕虫者和蜗牛毁灭者。我们不该因其歌声而感伤，同时也不该忘记它为维持生存而进行的杀戮。"[38] 此外，他诱使我们心中产生大自然和野生动物唤起的平静感，随即用凶残的杀戮现场让读者大吃一惊：

> 河口涨潮了，前来睡觉的涉禽挤满了盐滩岸，鸻鸟变得不安起来。我原以为那只鹰会从天上俯冲下来，但它是从内陆低空飞过来的。它像一弯黑色新月掠过盐滩岸，惊起一群密集如蜂的黑腹滨鹬。它在滨鹬中穿梭，如同黑鲨在成群银鱼中翻腾和跳跃。它突然俯

冲而下，避开滨鹬形成的旋涡，在空中追逐一只落单的滨鹬。这只滨鹬看上去离它越来越近了，后来湮没在黑暗中，再也没有重新出现。没有残酷搏斗的画面，也没有血腥的暴力。鹰伸出爪子，抓住、挤压、握紧滨鹬的心脏部位，就像人类用手指捏死昆虫一样毫不费力。这只鹰慵懒且轻松地滑翔到岛上的一棵榆树上，一边整理羽毛，一边享用猎物。[39]

通常情况下，贝克会详细描述自己的情绪和反应，就像细致描写鹰的每一次俯冲一样。"我的目光无法从鹰身上移开，"他写道，"我兴奋地死死盯住鹰，就像鹰看到诱人的猎物海鸥和鸽子的形状那样瞪大双眼。"[40] 这不仅仅是比喻：贝克对这种猛禽的兴趣与游隼对猎物的兴趣简直如出一辙。随着该书的叙述不断展开，他自己似乎逐渐变成了一只游隼："血腥的一天：阳光、白雪和鲜血。血红——形容词多么无用啊！没有什么比雪地上流淌的鲜血更美丽、更鲜红的了。奇怪的是，大脑和身体所憎恶的，眼睛却偏偏爱看。"[41] 贝克试图以游隼自己的方式理解它们，进入它们的世界，最终他自己对游隼的捕食行为产生了认同，接受了他所认为的猛禽热爱杀戮的习性。

批评家乔治·斯坦纳写过我们如何对自己所接受或理解的东西有所交代或承担责任。他认为，回应任何艺术作品或任何形式的人类文化时，都应当将个人置身其中，设身处地地思考它。[42] 我们作为自由的成年人读书和探索，就是承担起允许自己发生改变的可怕责任。如果这种改变一定朝着积极的方向，中间并不涉及任何风险，思考的自由就不会像现在这样重要。从斯坦纳的观点看，贝克是一个"负责任的"鸟类观察者：他将鸟类融入自己的生活，尽可能地与它们融为一体。他献身于鸟类研究，尽管这与马尔科姆·爱克斯冒着生命危险改宗大不相同，与哈立德·阿萨德献身于考古研究也大相径庭。

十年观察一种鸟，三年研究一年生植物的变化本质，二十年沉浸于观察夜空。显然，研究自然也可以是一种休闲方式。赫歇尔兄妹多年来没有接触过任何一位专业天文学家，甚至没有人知道他们在做什么，更不用说认可、鼓励或支持他们了。相比之下，歌德则生活在由志同道合的知识分子组成的共同体中，这些知识分子都声名显赫。他还能以现代专业人士绝对羡慕的方式自由探索。贝克研究猛禽的工作则既没有得到出版商的支持，也没有得到学术机构的支持，只有他妻子支持他。他的动力在于对鸟儿的迷恋、与他人的疏远和道德义愤。大自然的研究者表面上似乎在外部世界里活动，但他们如同书呆子或被监禁的数学家一样，是遁入内心享受恬静和悠闲的。

逃往真相

如果自然界拥有同人类社会一样的深度，甚至超过人类社会，那它作为思想探索的对象就再合适不过了。赫歇尔兄妹专注于研究星辰，歌德专注于研究植物，贝克专注于研究鸟类，他们都在专注于研究某种自然事物。但是，把探索自然界看作追求真相也是由来已久的传统。

意大利犹太作家普里莫·莱维曾描述在"二战"前夕，在身处奥斯威辛集中营时，以及在战后意大利被占领时期，他如何通过化学研究工作支撑自己度过日益受压迫的时光。他曾在一个段落中描述墨索里尼统治时期化学和物理研究对他和一个名叫桑德罗的健壮乡村少年的影响：

> 最后，从根本上说，桑德罗，这个诚实、坦率的男孩，难道没有闻到法西斯所谓的真相铺天盖地的恶臭吗？他难道没有察觉到要求一个能思考的人不假思索地去相信谎言是公开的羞辱吗？面对所有这些教条、未经证实的主张和形形色色的命令，他难道没有感到恶心吗？他当然感受到了，因此他怎么可能在我们的研究中感受不到新的尊严和庄严感？他怎么可能意识不到下面这个事实？那就是，化学和物理不仅本身就有至关重要的营养，还是我和他都在寻找的消除法西斯影响的解药，因为这些研究的每一个步骤都清晰可

见，而且可以核实确认，与诸如收音机和报纸之类传播的谎言和空话完全不同。[43]

莱维把探索科学真理当成了戳穿法西斯当局宣传的自私谎言的重要解药，这种谎言不仅在学校传播，也通过新闻和"信息"源传播。当我对某人说谎时，我利用了这个人对世界敞开心扉的开放态度，利用了其认知能力和理性判断，以此达到自己的目的。我想既有妻子又有情妇：我要对两个人都撒谎。我希望度过一个安静祥和的上午，我就会掩盖某些真相，以免在办公室或家里引起矛盾冲突。个人的谎言不仅迎合了听众的理性判断，也满足了听众自己的欲望：他们也不想被难以接受的真相困扰。

更大规模的公共谎言同样如此。作为政治领袖，我会通过夸大威胁来巩固自己的地位。我利用民众对自身幸福及其决定因素的关心来达到目的。我诉诸人类对不确定性和软弱的天生恐惧，以及人类对强大力量的幻想。我作为领袖越成功，对谎言的依赖也就越强。模模糊糊的战争威胁变成了罔顾事实的赤裸裸的谎言，比如声称有人发动了无端的攻击，以及宣称敌人已经打到了家门口。文字和故事变成了展现虚假现实的手段，而且充斥在电视和广播中，将其他选择全部淘汰。这些谎言在其受众（也就是我们）心中引起共鸣，并且扎下根来，因为它们帮助我们假装相信困窘状况是暂时的，痛苦是可治愈的，相信一场对抗证明了我们是正确的或者彰显了我们的力量。

为低级目的服务的谎言否定了人类理性信念能力的尊严。与此相反，不惜一切代价追求真相夺回了这种尊严，提醒了我们还有更加可靠的立足点。因此，莱维投身于化学研究，试图在不会被扭曲的现实中栖身避难。然而，人类的幻想在现实面前即刻支离破碎。莱维描述了一名学生帮助物理教授提炼苯的过程，对于提炼的最后环节来说，钾必不可少，但是，钾哪怕只有一点，一旦接触到水也会燃烧。这名学生移除了他认为是最后一小块的钾，结果导致烧瓶在他的手中爆炸，他的手上留下小小的疤痕。化合物的自然属性揭示出残酷的事实：真相可能会被掩盖，但它不能被随意改变。

社会环境中充斥着谎言，这有多么普遍？只有极权统治之下是如此吗？莱维提出了在极权环境中探索真相的重要性，法国政治哲学家耶夫·西蒙则扩大了莱维这一见解的适用范围，认为在所有社会团体中人们都必须时刻对谎言保持警惕。西蒙是个反纳粹的天主教徒，他作为战时流亡者见证了法国维希政府糟糕透顶的景象。他发现，他的处境看似非比寻常——一场决定历史走向的世界战争迫使他在忠于祖国和反抗纳粹之间无法两全——但事实上这十分平常：思想和社会生活之间处处存在着一种张力。他观察到："我不知道也无法想象哪个团体的现有主张中能够不包含大量谎言。既然这样,就只能从两个选项中二选一:你要么必须喜欢谎言,要么必须讨厌熟悉的日常生活。"[44]

西蒙发现,如果社交生活中充斥着谎言,而真相对完整的人性必不可少,那么与他人交往的日常生活便几乎难以忍受。毕竟,日常的社交生活由什么构成呢?对另一个群体轻蔑的诽谤;旨在引发民愤的谎言或者传闻;有党派偏见者为寻求私利而爆料的新闻;或者向某个组织表达忠心的粗鄙言论,这个组织就像其污蔑的对手一样存在重大缺陷。所有这些都是社交生活的基本组成部分,尤其是在社交生活以非同寻常的方式被政治化之时,正如西蒙所处的时期,也如我们当下。我们为了自身的利益而说话:为了感到舒适,为了减少焦虑,或者为了加入一场争夺权力和地位的斗争。我们说话的目的很少是传播某个真相。[45]因此,我们贬低了与我们交流的对象的价值,把他们当成工具,剥夺了他们做人的尊严。

西蒙预料,我们在面对至亲好友的谎言时,应对这种棘手处境的最直接举动是试图将谎言与我们的亲友分隔开来,将其归咎于我们的对立面:如果我们有钱就怪罪穷人,如果我们没钱就怪罪富人;如果我们是民主党就怪罪共和党,如果我们是共和党就怪罪民主党;诸如此类。我们假装他人都被谎言吞噬,只有我们自己幸免于难。我们想象自己所属的社会阶层和团体有特殊的途径使我们了解真相。因此，我们对真相和谎言的关注必须从自我开始。

> 否定和反抗是拥有某种魅力的态度，前提是我拒绝和反对的态度必须与自己保持适当的距离。如果我采取的态度是对所有谎言都说"不"，包括对自己身边制造和传播的谎言以及自己脱口而出的谎言说"不"，我知道自己将陷入可怕的孤立状态，就像身处无路可走又没有水的荒漠。在那里，最亲密的伙伴会舍弃我，我的习惯、品位、情感统统离我而去。除了真相之外，我得不到任何支持，只能孤零零地颤抖着艰难前行。[46]

一旦一个人不再满足于假装只有他人会被谎言摆布，他就会不知不觉地陷入孤立而且迷茫的境地，身处"荒漠"之中。在此，西蒙所说的"贫困"并不是经济车轮走错方向的问题，而是人类的生存状况问题，这种"贫困"让我们不得不以失去社会安慰为代价来换取真相和尊严。这种"贫困"还可以称为"异化"，是智识生活所要求的独处、隐退和遁世的至高境界。西蒙唤起了追求真相的渴望所要求的这种孤独感和牺牲。

我们还可以投身于朴素的活动，如养蜂，种植番茄，手工编织，林间漫步，吟诵祷文……从而找到远离谎言浪潮的避难所，智识生活只是其中一个避难所而已。但对我们很多人来说，如果没有智识生活中令人敬畏的克己习惯，没有严谨的灵魂探索和修身养性之法，没有智者的清晰指南，没有众多前辈先贤的大力帮助，那么这些朴素的活动也是求而不得的。

禁欲主义

> 宙斯给人们指出了智慧之路，
> 确立了学习法则，
> 获得智慧必须受苦。
> 回想起从前的灾难，痛苦会在梦寐中，
> 一滴滴滴在心上，甚至一个顽固的人也会从此小心谨慎。
> 这就是身居庄严宝座之上的神灵强行赠送的可怕恩典，
> 即便我们并不愿意接受。
> ——埃斯库罗斯，《阿伽门农》，
> A. 拉克斯和 G. 莫斯特英译

莱维和西蒙的例子说明了逃离世界并非遁入隐秘空间的问题，甚至也并非为了专注于内在世界而两耳不闻窗外事。智识生活成了一种禁欲主义，即拒斥我们内心的欲望。我们对真相的渴望，对理解的渴望，以及对深刻洞察力的渴望，总是与其他欲望（如渴望获得社会认可、舒适生活，实现特别的个人目标或值得追求的政治结果）格格不入。因此，智识活动所要求的隐退并不仅仅是一种逃避，它还是一种值得敬佩的保持距离之举，让我们得以放下原有的日程，来思考事物的本来面目。当我们思考或反省之时，我们竭力让自己追求真理的欲望战胜与真理相冲突的其他欲望。我们推开柔软的阻碍，削弱顽固的一厢情愿。正是这个原因，智识生活可以被看作一种自律，是辛苦努力的结果和某种克己实践。任何一个对智识生活即使只有一时兴趣的人也都会感受到幻想与现实之间的碰撞。学期论文往往以攀登学术高峰的梦想开始，最后却陷入课题所反映的现实问题盘根错节的杂乱头绪中而草草结束。

一厢情愿在遇到现实后会土崩瓦解，这是普里莫·莱维痴迷于化学研究的部分原因：实验可能成功，也可能失败；终极粒子理论可能得到验证，也可能被推翻；以一种特定方式制造某种特殊材料或许可行，或许不可行。结果取决于材料和工具，而不是我们自己。一位学者连篇累牍地论述某个单词或历史上某个观念的起源，其论点可能会因为偶然发现的一段话而一下子站不住脚，或者变得毫无意义。一个理论可能会因为隐藏在某家不起眼的博物馆的文物下的遗失手稿重见天日而被瞬间推翻，也可能因为留存千年之久的洞穴岩壁上刻写的几句话，或者因为藏在我们自以为熟悉的书页后的重写本而彻底改变。现实并不由我们来决定。

甚至文学也是一种禁欲苦行：我们喜欢某个角色，如简·奥斯丁的小说《傲慢与偏见》中的伊丽莎白·贝内特，但我们必须面对伊丽莎白犯错的现实。我们希望威拉·凯瑟的小说《我们中的一个》能有个圆满的结局，但鉴于书中现实，我们知道这是不可能的。同样，一部文学作品也可能揭示某些丑陋的东西，这样的世界我们宁愿不了解才好。厄普顿·辛克莱1906年的小说《屠场》揭露了大企业对工人的压榨和芝加哥屠宰场的不卫生情况，展示了肉类市场不人道的、唯利是图的体系。（我们能够想象西奥多·罗斯福总统在读完这部小说后说"我一直在吃有毒食品！"然后扔掉早餐香肠。）[47]我们渴望过舒适的生活，但现实表明这与我们对人类同胞的基本尊重是无法共存的；我们想吃培根而无须付出什么代价，但这必然不利于自己的健康。

智识生活的禁欲苦行与我们通常所说的禁欲苦行生活有一定关系：癌症经过治疗可能好转，也可能没有变化；木工师傅或工程师肯定都接受材料的局限性，无论最初的宏伟蓝图是什么样；衣服无论多么贵重，上面总有一些污点，怎么洗也洗不掉；办公室可以想聘任谁就聘任谁，想解雇谁就解雇谁，但最终完成任务的只能是在此工作的人。与特定现实狭路相逢，由此遭遇欲望和希望的破灭，这是人生的基本组成部分。每一种学习方式都是让人接受生活磨炼的学校。

难题：压迫真的必不可少吗？

> 我们这些讲英语的民族，尤其需要再一次大胆歌颂贫困。我们已经真正开始害怕贫穷了。我们鄙视那些为了过简朴生活和拯救自己的内心生活而故意选择贫穷的人。如果他不参与到这日常生活的奔忙之中，我们便认定他萎靡不振，缺乏宏大志向。我们甚至连想象都想象不出在古代摆脱贫困意味着什么；意味着摆脱对物质的依恋，意味着灵魂不被收买，意味着冷静超脱的男子汉气概，意味着把我们自身而不是我们拥有什么当作衡量自己价值的标准，意味着有权随时不顾一切地舍弃自己的生命——拥有更健壮的体魄，换言之，时刻保持战斗姿态。
>
> ——威廉·詹姆士，《宗教经验之种种》

假设真实且本真的智识生活（即为学习而学习，而非为任何其他目的而学习）只能存在于遭受贫困、剥削、监禁和严重政治压迫的条件下，我们这些被这种本真性所吸引的人该如何回应呢？我们是否应该仅仅为了在学术界之外找到寻求真理的途径而故意考试不及格呢？如果当局不同情我们的高尚抱负，我们是否应该犯一些小错以便把自己送进监狱，以此来维护自己的尊严呢？我们是否应该期待如法国维希政府或者意大利法西斯政府那样灾难性的政治困境？难道我们必须放弃自己地位显赫的职业，转而从事大楼管理员或垃圾清运工的工作，以此来抑制自己追求财富和社会地位的欲望吗？

在从前，这样的冒险并非罕见之举。想想佩特雷蒙特为哲学家西蒙娜·韦伊所写的传记中那令人印象深刻的时刻。韦伊曾一直忙于参与20世纪30年代早期巴黎左翼政治团体的内讧，当时各个团体都有自己的缩写名称，都用自己的宣传小册子、指导原则和政见去攻击其他团体。厌烦之余，她决定辞掉讲授哲学的工作，前往一家工厂上班。她花费一年时间只靠微薄的收入生活，并且因为无法完成定额工作量而连续被多家工厂解聘。她体弱多病，曾习惯于受人尊敬，如今却在寻常的贫困折磨下发现自己的思想化为尘土。她在写给朋友的信中说："我忘了告诉你工厂的事，自从我来到这里之后，没有听见过任何人谈论社会问题，**一次**也没有，无论是工会还是政党，从来没有人谈论过。"[48]

并不是只有韦伊竭力想当穷人；20世纪许多坚定的左翼人士放弃财富和地位，主动选择与劳工阶级团结在一起。约翰·霍华德·格里芬是个白人，却给自己注射色素使皮肤变黑，以便能从另一边的立场体验1959年密西西比黑人少年被杀引发的骚乱。[49]宗教作家凯瑟琳·多尔蒂把自愿体验贫困生活的自己比作祖国俄国的朝圣者、隐士和神圣的愚者，他们收拾行装离开皇室或贵族家庭，亲身体验贫困基督徒的生活。[50]如果类似的自愿放弃富裕生活和发现之旅再次成为迷人的、极富吸引力的时尚潮流，这或许并不是件坏事。[51]不过，这并不意味着这样的牺牲是必要的。

在此，苏格拉底的例子再次被证明很有用。哲学家柏拉图描述他的老师苏格拉底不怎么关心财富，却痴迷于哲学对话。柏拉图借苏格拉底之口对智识领域做出了前所未有的最崇高描述：那个领域远远超越寻常体验之对象，是真和善的源泉，就像太阳一般光芒万丈，只要与它相遇，就再也不想离开了。然而，尽管苏格拉底献身于智慧探索及其相关工作，但他也是在城市生活的普通人。他去参加盛大晚宴，甚至为宴会而盛装打扮；他还与达官显贵以及知识界名流交往辩论。在有关苏格拉底的描写中，我们看到他总是众星捧月的中心，身边总围着一帮朋友和崇拜者。

根据柏拉图的描述，苏格拉底在雅典因为亵渎神灵而遭受审判时，提醒过陪审团：他曾在战争时期为所在城邦英勇战斗；在雅典专制统治的短暂时期，他也曾公然违抗非法禁令。[52]除此之外，苏格拉底还声称，他对同胞们貌似冷酷的哲学质疑其实是一种公民服务，他是在像牛虻一样刺痛他们，惹恼他们，迫使他们去质疑自己赖以生存的价值观。他愿意得罪权贵，表明了他并不在乎权贵们如何看待他。我们由此认定，苏格拉底对智识世界的坚定投入，他对哲学探索的热爱，还有他卓越的逻辑推理能力，都使他能够远离懦弱和妥协的诱惑，即使面对着其他行为的最强烈的诱惑。如果不放弃哲学，他就将面临被处死或流放的威胁，而在此情况下他的选择充分显露出他对智识生活的投入和对社交生活的超脱态度。遭受审判、监禁和处决是其最后的考验。他虽然是雅典公民，但他热爱哲学胜过一切：哲学是构筑其生活大厦的终极目标。

中世纪神秘主义神学家圣十字架的约翰曾描述灵魂脱离所有感官之物（即一切肉体和世俗欲望的对象）和其他一切世俗之物的过程。[53] 进入他所说的"感官之夜"，这是通往上帝的三阶段精神之旅的开端；"感官之夜"之后是"信仰之夜"，第三个阶段即最后阶段是"灵魂之夜"，在此灵魂与上帝最紧密地结合在一起。这种脱离感官之举类似于我所说的从世界中抽身，需要切断我们与通常所关注事物间的联系，以做到不为物役。虽然圣十字架的约翰是一位极其严肃和严谨的思想家，但他并不相信丧失所有这些对象是达到上述状态的唯一途径。毕竟，要彻底消除肉体或世俗欲望的所有对象是根本不可能的。感知和欲望的威力不可能直接一下子消除，虽然我们可以任意拨动刻度盘，但这个工具还会继续接收信息。但是，当它们出现时，灵魂有能力拒绝被它们牵着鼻子走。如果关注的焦点和欲望指向别处，我们就能既拥有被拒绝的事物，同时又不最终依附于它们。

圣十字架的约翰显然对感知和欲望怀有敌意，因此，所有尘世之物和肉体之物在他看来都匪夷所思。我们为何希望自己与世隔绝呢？我们不妨花费一分钟思考一下本书开头的例子。为什么书呆子勒妮拥有一个隐蔽的房间？为什么空空如也的牢房或不起眼的专利局办公室会对我们有所助益呢？我们感到疲倦和心烦意乱之时，为何想去登山或者观海呢？这些当然都是限制和约束我们感官体验的常见方式。感官体验带给我们美感和愉悦，但它们也是通往空虚的快感、成瘾的强迫性行为或者追求富贵的陷阱。我们把目光聚焦在柏拉图的对话或者几何图形上；他们看向锯齿状的冰块、繁星点点的天空和刚出生的婴儿。他们也可以观看美食甜甜圈、钻石、脸书、开跑车的大明星，觊觎貌美如花的有夫之妇。深受感官支配的人无论面对什么都是身不由己的，会感到眼花缭乱、无所适从。

因此，当圣十字架的约翰试图否认和拒绝看到的对象时，他的意思是什么呢？假如我热衷于攀比，我会受到一个又一个提升自己形象的目标吸引，把林肯车换成法拉利车，抛弃年轻貌美的妻子，再去找一个更年轻、更貌美的女人。但是，我可能不是因为攀比才喜爱林肯车和原配的。如果我和妻子青梅竹马，自从她是邻家淘气的小姑娘之时就爱她，即使她因患可怕的疾病而被毁容，我还是不离不弃，那我对她的爱就显然不是出于攀比。至于轿车，我可能是在无论什么车都能接受的时候得到林肯车的；我喜欢它的主要原因是它的部件坚固以及长途驾驶的舒适性。事实上，我可能讨厌林肯车，但因为祖父把它送给我时的喜悦之情，我选择继续留着它，将其作为自律的工具，用它来约束自己的虚荣心，希望它阻止我接受更糟糕的诱惑。

正如拥有奢侈品并不必然要求我们推崇奢华一样，圣十字架的约翰坚持认为，看见或看不见都不会影响视觉对我们的支配作用。他以一再自称穷人的大卫王（传统上被认为是《圣经·诗篇》的作者）为例，但是，以色列国王怎么可能是穷人呢？圣十字架的约翰认为，大卫王所说的贫穷在于他的意志：他的意志"没有放在"聚敛财富之上。追求财富并不能支配他的思想。他拥有财富，却并不怎么在乎财富。就像比较超脱的林肯车司机把轿车当作到达目的地的交通工具一样，大卫王把财富当作实现目标的手段。穷人也可能喜欢财富，甚至爱财富胜过一切，但这样的贫穷不会给穷人带来任何益处。圣十字架的约翰的结论是，精神修炼的目标是采取超脱态度而非彻底丧失：

> 为此，我们称这种超脱为"灵魂之夜"。因为我们

在此不是讨论物质的匮乏：如果灵魂存有物欲，那就意味着灵魂还没有达到超脱状态；我们这里讨论的是脱离对物质的享受和欲望，正是因为这种超脱，我们哪怕拥有世俗之物，灵魂也能摆脱纠缠而获得自由；这些世俗之物并没有侵占灵魂或者伤害灵魂，因为它们没有进入灵魂，罪魁祸首是对世俗之物的意愿和渴望，是它们占据了灵魂深处。[54]

当大卫王把自己描述成穷人或乞丐时，他的意思是说他把自己的财富看得很淡泊，财富并非他最终的目标，也并非他最宝贵的资产。他表达了这样的愿望：如果他被迫在爱钱财和爱上帝之间做出选择，他会选择爱上帝。

重要的是我们爱什么以及为什么爱它。外部模式、字面意义的匮乏、被囚禁在四面水泥墙内、电台广播中充斥着独裁者的花言巧语——所有这些都只是有助于我们看清事实真相。我们经常受制于形形色色的自我欺骗模式。由于我们自己的某些讨人喜欢的形象的吸引力，我们或许会想象自己被人依恋或者被人疏远，但是，真正的痛苦是幻想破灭。我们可能会想象自己依附或脱离世俗之物。物质贫困、失败、羞辱、囚禁、政治压迫都是严峻的考验，正是这些考验显露了我们的终极承诺。

究竟为了什么?

> 人只不过是一根苇草,是自然界最脆弱的东西;但他是一根能思想的苇草。用不着整个宇宙都拿起武器来才能毁灭;一口气、一滴水就足以置他于死地了。然而,纵使宇宙毁灭了他,人却仍然要比置他于死地的东西更高贵;因为他知道自己要死亡,以及宇宙对他所具有的优势;而宇宙对此却一无所知。
>
> 能思想的苇草。我要寻找的尊严不是来自空间,而是来自对我思想的管理。如果我拥有世界,就不再拥有更多东西了。宇宙依靠空间把我像原子一样纳入和吞噬,但我依靠思想能够理解这个世界。
>
> ——帕斯卡尔,《思想录》,A.J.克莱尔西米尔英译

将为学习而学习描述为一种禁欲主义,引出了一个至关重要的问题。痛苦和牺牲本身是好的吗?我们做出这些形式的牺牲究竟是为了什么呢?或者我们忍受痛苦的戒律究竟是要达到什么目的?我所描述的人的内心生活是个"负空间",由它所否定的特征来定义。这是一个远离竞争、等级秩序、相互利用和工具化之地。这是一个逃离尘世之所,一个摆脱贫困、单调、痛苦、禁闭、无聊和羞辱之地。这是挑战和反抗非人化待遇之地。这就是**全部**吗?下面的事实可以

体现这一点：共产主义者和反共主义者在这里找到了庇护，宗教信徒和无神论者也是如此；事实上，每种人都可以在这里找到庇护。这表明，内心生活甚至智识生活并没有确定的内容：它是人类的一种潜能，依靠意志的力量来抵抗周围环境，而且能让人做一些事，甚至是**任何事**。

但是，如果那样说，描述就并不准确。一个人可以抵抗自己所处的环境，沉迷于海洛因或电子游戏，他人将这认定为一种堕落而非尊严的展示是合理的。在我们给出的所有案例中，人们逃向的是某种真实的、具体的、非个体的善。

马利亚感兴趣的对象首先是《圣经》故事和教诲，然后是遇见上帝；对阿基米德、爱因斯坦和韦伊而言，是自然界的形式和结构；对葛兰西而言，是他的政治信念和为其提供营养的思想；对马尔科姆·爱克斯而言，是向他展示自己尊严的人类前景及其历史；而对苏格拉底而言，是对人性的探索。所有这些不同的兴趣对象有何共同点呢？

也许，我们应该认为智识生活拥有的不是一个**对象**而是一个**方向**：从具体泛化至普遍，从殊相上升到共相，发掘幻觉背后的真相，看到丑陋之上的美丽，追求暴力下面潜伏的和平——我们从具体实例中寻求模式化规律，或者发现模式化规律背后隐藏的具体实例。一方面，这解释了智识生活的否定性，即马修·阿诺德所说的"生活的批判"[55]；另一方面，总是存在"更多"，而从来不会"更少"。相比之下，妄想或消遣娱乐并非对既定现实的批判；它没有达到超越现实的境界，而是退而求其次，提供了一个替代品。

说智识生活只有方向而没有确定的对象可能有些自相矛盾。当我们因为学习本身而好学时，我们爱的那个"更多"是什么呢？这种约束和支配其他一切的欲望的本质是什么？它是否像贪得无厌地追求金钱或享乐那样，属于一种成瘾的强迫性欲望？它有没有一个终点，一个最终目的地？乔治·斯坦纳认为，所有艺术和思想都以超越为目标，指向上帝的临在或上帝的缺席。[56] 在我看来，这似乎非常吻合我们的现实情景，虽然可能还有其他选择。

在此描述的活动中，智识超越了直接体验所能给予的任何东西。这就是为什么单纯为了获得体验而追求的体验（如玩电子游戏、浏览电视频道、看色情视频）不算智识活动。但是，如果这种看法是正确的，那么智识活动提供的与其说是逃离世界，倒不如说是逃离自身，逃离个人的直接体验及其激起的欲望和冲动。社会的一致性激发我们融入社会的愿望，社会的竞争性则鼓励我们产生超越他人的欲望；肉体上的痛苦激发了人们被疼痛压垮的绝望感。贫困和剥夺给我们灌输了一种强烈的欲望，让我们极其渴望得到满足，生活舒适，快乐无限。正如我们在《马丁·伊登》和亚马逊仓库工人的例子中看到的那样，这些欲望会驱使我们沉溺于饮酒作乐，放浪形骸。

我们最初渴望逃离的"世界"其实就在我们的内心深处，是我们内在动机的组成部分，而非身外之物。践行对学习的热爱就是为了逃离内心最坏的部分，使自己变得更好，追求卓越，取长补短。

学习的尊严

> 他们会问：在没有书信和新闻的情况下，
> 是什么帮助我们活了下来——
> 只有监狱那冷冰冰的四面高墙、愚不可及的官方谎言
> 和令人作呕的背叛承诺。
> 我要讲一讲在被囚禁期间第一次看到的美：结了霜的窗棂！没有窥视孔，没有墙壁，没有栅栏，没有漫长的痛苦——
> 只有蓝色的光芒从最小的玻璃窗透进来。
> ——伊琳娜·拉图辛斯卡娅，《我会活下去》，
> F.P.布伦特和C.J.埃文斯英译

好学打开了日常生活中看不到的人性维度，而我们平时的体验并不欢迎这些维度：理解时空结构或数学定理的本领；对优美辞藻、形象或画面的鉴赏能力；让体验跨越时空

的能力；甚至是最简单不过的反省、思考、看破假象的本领。所有这些都是人性光辉的组成部分：心智的卓越成长，人类的感知、维持、研究或重新想象其意识对象的能力的加强。赫歇尔兄妹痴迷于观察整个夜空，他们看到了其他人看不到的东西。作家菲利普·罗斯记得在参观普里莫·莱维所在的油漆厂时闻到了一股化学气味，他便问莱维那是什么气味。莱维笑着说："我知道这是什么，我能够像狗一样闻出来。"[57] 他的鼻子受过专门训练，可以识破材料及其合成元素的秘密。

学习人文学科也有望培养学生卓越的感知能力，例如对人类反应或人类事件的感知能力。因此，像文学研究之类可能会让我们意识到，我们自己就像伊丽莎白·贝内特那样被自尊蒙蔽了双眼，没有看清他人的真面目。研究 2 500 年前雅典人入侵叙拉古的愚蠢行为，可能会让我们认清当今时代侵略他国的愚蠢行为。不过，增强感知力虽然可能很有用，但感知力的价值并不在于它的用途，正如奥运会跳水运动的用途解释不了跳水在我们心中引起的敬畏一样。

奇怪的是，我们的心智潜能与周围环境塑造的动机之间往往存在一种紧张关系：社会对服务员的期待和对青年才俊的期望，社会对适婚年轻女性的要求，由种族隔离、种族偏见或监狱生活故意造成的人性泯灭，等等。别人对待我们的方式会刻画出我们自己的形象：一种受到控制的动物，或一份用来交易的财产，或获得身体快感的工具，或社会阶梯上供人评级或向上爬的一个梯级。我们可以逃离这些形象，去重新发现更充分、更真实的思考自我的方式，从而找到更充分、更真实的存在方式。

我已经把追求内在性描述为一种可透过外部世界展现光彩的尊严：苏格拉底在死亡面前开玩笑；葛兰西在监狱中身体日渐衰弱，但他仍将自己的思想倾注在文字上面，写下大量札记；耶夫·西蒙在芝加哥身份尊贵，却仍被内心的荒漠淹没。尊严是什么？它为何以一种特殊的方式被归属为智识生活？这是值得我们探讨的东西。

伊琳娜·杜米特雷斯库曾经写过，一些罗马尼亚政治犯互相教对方莫尔斯电码，并在他们之间的隔墙上敲打出诗歌来交流。有的囚犯互相学习语言，有的囚犯用在绳子上打结的方式传递信息。一名在西伯利亚的罗马尼亚军官用黑莓制作墨水，写下他在上学时背诵的法语诗歌。不止一名囚徒将他们被关在监狱的时光描述为"大学"。[58]

20世纪80年代早期，政治异见者伊琳娜·拉图辛斯卡娅被当局关押，她用诗歌作为一种抵抗的形式。[59]即使在开往监狱的火车上，只要和其他囚犯有接触，她都会背诵诗歌（不管是原创的还是经典的）。背下来的诗歌被写出来，在囚犯之间传阅。当她写东西也遭禁止时，她就用火柴棍把诗歌刻在肥皂上，等待熟记于心之后再洗掉。她会乘机把诗歌转抄到卷烟纸上，让这些诗歌被偷偷带出监狱，然后辗转至其他地方出版。她在获释几年后的一次采访中说："从某种意义上说，经历坎坷动荡的生活是一种幸运。当一切都太容易时，人们有时会失去对生活的热爱，丧失生活的热情。"[60] 她对监狱生活的描写闪耀着不屈不挠的热情：她藐视囚禁者，与其他囚徒团结起来，反抗剥夺和侮辱，以维护她自己和她同伴的尊严。

人的尊严在苦难中最为耀眼。为什么呢？一个被囚禁的女性在肥皂上刻写诗歌的行为何以令我们感动？我已经说过，禁欲苦行——为了行善而牺牲和受苦是我们尊严的根本基础。我们有很多欲望、冲动和担忧，它们未必同等重要，也未必都有益于身心。而且，那些不怎么好的、自私的、平庸的、肤浅的甚至残忍的行为成了更容易被人效仿的目标。我们不试着反抗便听任自己随波逐流地向其漂去。我们需要坚定的决心、辛苦的努力或外部强加的贫困处境等运气，才会在理解、观察、学习、好奇等愿望的驱使下生活。

人们受到浅薄和自私用途的吸引，这绝非只发生在特定的环境之内或归因于我们个体的特性。我认为，这扎根于人类的脆弱性本身，以及这种脆弱性和我们追求卓越的潜能之间令人迷失的冲突。我们生活在黑暗的阴影之下。我们出生，我们死去；正如帕斯卡尔所说："一滴水就足以置他于死地。"我们可以去证明毕达哥拉斯定理，测量光的重量，去月球旅行，但也可能被一个钝器砸得脑浆四溅；我们的重要器官在尖利的凶器面前毫无抵抗能力，也可能被活跃而无情的病毒感染，被看不见的机制从内部摧毁。

人生的空虚和短暂驱使我们借助于想象力，进入幻想的王国。我们想象着取得一个又一个胜利，一次又一次登上辉煌的顶峰，享受无限的快乐，没有任何痛苦的煎熬。我们想象死亡仅仅发生在那些比我们低劣的人身上。我们想象自己的价值就在于健康或看起来健康，在于快乐或公开展示快乐，在于取得引起轰动的显著物质成就，在于赢得他人的恭维和众人的喝彩。我们认为，通过这些东西我们已经变得不同了，不再是血肉之躯，也许更闪亮、更持久，甚至变成了无形的、不可言喻的东西。

有一次，我住的旅馆突然半夜着火。我可能会预先想象自己会立即行动起来，抱着满怀感激的孩子们，抓住一盏枝形吊灯荡向安全的地方。我会说："别怕，孩子们！"然后把他们安置在熊熊燃烧的大楼之外，然后优雅地掸掉自己袖子上的灰尘。至少我会想象自己还记得多年来受过的消防训练，并按照当时教导的方式去做。结果，截然相反，防火警报器令我怒不可遏，因为它打扰了我的睡眠。接着，我睡眼惺忪地看着室友行动起来，查看隔壁房间里年轻人一家的安危，并带领包括我在内的每个人逃离危险。灾难阻止了我们的一厢情愿，戳破了我们对自己的幻想。我们潜藏的脆弱性暴露无遗，我们并非自己想象的那样强大。

我记得红袜队选手柯特·席林在季后赛打败扬基队时，我惊呆了，因为看到他的脚踝临时缝合线处很明显在流血。席林的例子展现了一种尊严：蔑视痛苦和软弱，顽强地抗拒身体的局限性。我听说过一位登山者因为冻伤失去了前臂，他用冰镐作为假肢，变成了一个比以前更好的登山者。在温泉关战役中，面对成千上万的波斯人，300 名斯巴达人在开战前整理好头发，最后全部战斗到死。他们的尊严是一种欺骗或否认吗？他们是在假装自己不是由尘土、血肉和骨头组成的吗？

想一想与上面相反的例子：一个人久病不治，眼睁睁地看着自己走向死亡，她满怀感恩，诚实地承认遭受的痛苦，没有依靠幻想各种来生计划来安慰自己，没有假装她的生命会战胜死亡威胁，没有试图控制时间或者在生命尽头作秀表演。正如帕斯卡尔所说，这是面对世界本来面目的尊严，是"思想"的尊严。

即使是卓越智者的尊严，如爱因斯坦或亚里士多德的尊严，也并非我们追求的终极尊严。我们可能都知道一些智商很高的人，他们在面对疾病和衰老时特别困难。比起为追求卓越而苦修，更重要的是通过修炼让我们直面现实，让我们的自我幻想悄然消失。

人类的脆弱可以被视为一种赤裸状态。就像亚当和夏娃一样，我们知道自己是赤身裸体的，受到无数偶发事件的制约，这些事件要么纯属偶然，要么是上帝的安排。遮盖掩饰赤裸是人类的本性。但是，这里潜伏着一种悖论——这种掩饰不可能完全有效。我们必须时常提醒自己那不过是种掩饰而已。无论我们攀登过多少高山，经受过多少次磨炼，战胜过多少可怕的敌人，我们都无法避免像水一样被泼掉，或者像臭虫一样被踩死。然而，正如帕斯卡尔向我们承诺的那样，只要我们认识到这一事实，我们就最终战胜了世界。

我们可以把**抗拒冲动**看作斯巴达人的尊严与直面现实的尊严（诚实地承认人性的弱点）之间的共同基础。柯特·席林克服了向痛苦屈服的冲动，斯巴达人克服了死亡恐惧，坦然承认死亡将至的人克服了人类可征服一切的幻想。但是，抗拒恐惧和痛苦的美德总有一天会遭遇强劲的对手。相比之下，没有什么情况是坦诚的美德不能克服的，而这种美德连最卑微的人也可以获得。

在本书接下来的部分，我将进一步展示人类正反两面中消极的一面，即我们追求表面的那一面。但是，我希望积极的一面至少也是轮廓清晰的。在好学的活动中显示出来的心灵或者智慧向我们表明了人有种种潜能，比如获得知识和理解的潜能，排除障碍获得真理的潜能，欣赏卓越和高雅之美的潜能，甚至还有清楚意识到自己必死性和脆弱性的潜能。

出于需要，我在书中引用了若干在智识上有所成就者的故事，比如爱因斯坦和葛兰西的故事、安德烈和西蒙娜·韦伊的故事、赫歇尔兄妹和歌德的故事。虽然了不起的智识高度是休闲时思想的重要组成部分，但它们也只是其中一部分而已。事实上，任何人都可以将他人的见解融入自己的思想，并将其转化为自己的思想，根本无须具备特殊的探索潜能。人们想象、反思和设想自己可能患病和死亡的事实，这些思考可以成为多数普通人生活的组成部分。我们都深受幻想领域的影响，因而很容易陷入幻觉；但是，我们都有看见幻想在现实面前撞得头破血流的潜能，都可以看清现实真相。人性的探索并非少数精英的禁脔。

社会共同体和人类的核心

当我们关注良善者或更良善者时，我们展现出自己的个体尊严，但同时也奠定了深厚的人类纽带的基础，我将其称为"社会共同体"。虽然政治和社会生活往往以追求实际用途为特征，往往将人性局限在社会期待的狭隘范围内，但智识生活打开了建立新型关系的种种方式，这些方式并不着眼于实际用途，而是基于实现共同目标的互相尊重而建立起来的。鉴于我到目前为止所举的许多智识生活的案例强调了与世隔绝的独处特征，这样的说法可能令你感到惊讶。这些案例认定，真正好学的活动要么是我们在独处时不经意地发现的，要么是我们与人类同胞隔绝或疏远时发现的，甚至到了像耶夫·西蒙或苏格拉底那样成为殉道者的地步时才发现的。不过，最初所举的《刺猬的优雅》的例子体现了令智识生活成为可能的一种特殊人类纽带。而且，把马尔科姆·爱克斯从享乐主义睡梦中唤醒的也不是一大堆书籍，而是一个善于反思的、见解深刻的博览群书者。

乔纳森·罗斯2001年的著作《英国工人阶级的智识生活》收集了大量文献，论述了从18世纪末至20世纪初读书和学习对生活在贫困中的男女所产生的巨大影响。他在该著作中主要描述了草根运动的成果，其中有些是中产阶级发展壮大的产物。1900年出生的理查德·希利尔是牛仔的儿子，他描述了阅读诗人丁尼生作品的经历：

> 那些五彩缤纷的文字闪闪发光，不由得使我神魂颠倒。它们在我的脑海中塑造出美丽的画面，词语变成了可以召唤灵魂前来的神秘魔力咒语。我沉睡的想象力像一朵花在阳光下灿烂绽放。待在家里的生活单调乏味，毫无色彩，千篇一律的日子没有一丝波澜。但是，书中有一个无限世界，一个只属于我本人的世界。走进书的世界，就像从海洋里出来，第一次看到了整个宇宙。[61]

希利尔强调他的日常生活"单调乏味,毫无色彩",与书中所展现的"无限世界"之间形成鲜明对比。但是,他的兴趣并不仅仅在于如何逃离或否认现实世界。相反,他描述了第一次认清现实,实际上是看穿了日常生活的虚假单调和贫瘠。他不是远离了真实,而是更接近真实。他的大脑"像一朵花在阳光下灿烂绽放"体现了他内心的共鸣,表明他因喜欢读书而获得了对自我的更深刻认识。

为什么诗歌或文学会有如此效果?希利尔曾经在其他地方提出过一种解释:这是因为诗歌和文学世界的普遍性。在读书时,他脱离其特定的环境,并与某种更广泛的人性层面联系起来,与不同的时间和地点联系起来,与不受时空限制的事物联系起来。就这样,他描述了自己第一次与文学世界相遇的情景,当时他的老师停下来解释什么是"桂冠诗人":

> 于是,[我的老师]用了十分钟讲述["桂冠诗人"这个词的含义],对我来说,教育开始了。老师介绍了本·琼森、桂冠诗人领取的金丝雀酒桶、生日赞歌等。我对这些很着迷。我的心智就像小鸡仔一样破壳而出。我在此认识到很多奇妙之事,远远超出了我们日常生活中琐碎的功利性事务,而在此之前,学校关注的似乎只有这些东西。对文学的这种了解令所有时间和空

间都变成你自己的，归你掌控。你可以成为任何人，成为每个人，同时你仍是自己。[62]

希利尔感觉自己从特定时空的单一个体变成了能与所有时空连接起来的人。我们可以听到诗人本人的声音，虽然他们已经去世，且生活在别的世纪；因为他们描写的对象在感知和情感上与我们相似。这样的联系只有在从前的作家连同其塑造的人物、主题和环境与同一时代的读者建立起深刻的契合性时才能实现。罗斯描写的另一个人物——鞋匠的女儿玛丽·史密斯（1822年出生）是这样说的："［莎士比亚、德莱顿和戈德史密斯］发自内心地为人类写作，虽然我只是个孩子，但我完全可以理解他们，并且在阅读时感到快乐。他们唤醒了我幼小的天性，我第一次感到自己的内心与整个人类的内心是类似的。"[63] 玛丽·史密斯和希利尔发现，我们对于人类生活、故事、歌曲和史诗的文学反思成为与他人（无论是生者还是死者）联结的纽带。因为智识生活所揭示的尊严可与他人共享，而且因为它能让我们与其他时空的人联系起来，所以它通过突出广泛的人类共同体中的一员而使人不朽。

史密斯回应了W. E. B. 杜波依斯在书中建立超越种族偏见的人类纽带的呼吁：

> 我坐在莎士比亚旁边,他并没有连连退缩。我跨越种族界限与巴尔扎克和大仲马手挽着手,面带微笑、热情友好的男男女女在金碧辉煌的大厅里翩翩起舞。我走出夜晚的洞穴,在坚实的大地和缀满繁星的天空之间摇荡的夜色中,召唤亚里士多德和奥勒留以及其他我心所向的灵魂,他们都和蔼可亲地来到我身边,不带任何轻蔑,也没有居高临下的恩赐态度。因此,我与真理结合,将种族偏见的面纱踩在脚下。[64]

杜波依斯追寻的目标(真理)仅靠社交生活是无法提供的,他在书中发现了一个向他开放的人类共同体,这个共同体不同于他所属的已经因为种族隔离和仇恨而四分五裂的本地社群。相反,已故作家们基于共有的人性和对真理的共同关心,欢迎杜波依斯与他们相伴。

我所描述的智识生活的与世隔绝并非它看上去的那个样子。这种孤立源自拒绝社会生活的贬低和利用。我认为,从根本上说,它涉及一种与他人真正的联系,无论是健在的探索者,还是已故作家,这种联系均不以利益和用途为基础。因此,智识生活滋养真正的社会共同体,这体现为玛丽·史密斯在作家和自己身上辨认出的"心系全人类"和"与人类全体建立亲缘关系"的热忱。

读者与这些或健在或已故的作家同胞之间的纽带,也塑造了参与共同的智识活动的人们之间有血有肉的联系。乔纳森·罗斯说，在20世纪20年代，为监狱囚犯讲授莎士比亚的一位老师发现，莎翁的戏剧不仅让囚犯找到了彼此间的共同点，而且拉近了老师与学生的距离：

> 在研究戏剧的过程中，我所受的教育几乎没有（甚至一点也没有）让我超过学生们。因为讨论的要点都是关于生活和性格的问题，在这方面，他们的知识和生活经验同我一样丰富，甚至可能比我更加丰富。在我看来，我们在戏剧尤其是在莎士比亚的戏剧中找到了共同体验和共同人性的基础，而这能够消除社会规范和教育机会差异造成的任何障碍。[65]

这位老师描述了一种基于共同人性的合作探究，旨在探讨人类生活的根本，其结果是囚犯与志愿者之间的社会壁垒消失了。甚至专家（教师）和非专家（学习者）之间的壁垒也会在共同体验的基础上消弭于无形。

在所有有意义的工作中都存在一种简单的共同体。一群建造房屋的工人通力合作，开启筑造栖身之所的合作工程，该居所的形状和结构将塑造出一个院内生活区和院外相邻区。建造者们依靠彼此来完成此项工程。在共同的目标面前，政治、宗教、社会阶层，甚至个性差异都会暂时消失。

休闲活动也有类似的促进团结的威力。最近，我曾在特拉华州海岸观看了一次日食，这一奇观让我周围的许多陌生人凝聚在一起，有人把眼镜借给别人使用，还有人用草帽的缝隙展示了一连串的日食图像。同样，在剧场、音乐厅或电影院，我们都会共同感受惊奇、悲伤、欢笑、悬念或恐惧。

为学习而学习本身也体现了这种人类共同体的普遍特征：当各成员转向同一个方向、面对共同的利益和目标时，共同体就形成了。好学是追求文字或文物中的美，是为真理本身而追求真理，是探索神秘奇妙之事，是反复思考储存在记忆中并与人们共享的经验对象。在研讨会上，若问题变得棘手，我们之间的隔阂就会被打破：为了寻找答案，我们团结一致，而答案也许会来自似乎最不可能之地。

到目前为止，学习就像其他任何工作或休闲活动一样：全神贯注于一个共同目标，我们忘记了彼此的差异。任何有意义的活动都为我们提供了建立联系的空间，这样的纽带超越单纯的社交活动，并非仅仅是要赢得他人的认可或偏爱，也并非只是为了确立或者巩固权威、名声或地位。但是，有意义的工作或休闲活动除了塑造共同体外，还能提供别的东西，这发生于智识领域。书籍、观念、对生活的日常反思——所有这些都是思考我们共同人性的途径。它们能让我们思考自身，思考自己在这个世界的存在方式，思考人类的优缺点，思考爱或知识的本质，思考家庭、社区和权威，思考人类存在的意义（如果有的话）。我们自己也变成了研究对象，而专业知识变得无关紧要，甚至成了研究探索的障碍。

如果我们的心智在休闲之时，通过小说或电影、历史或哲学，或通过仔细研究我们认识的人，转向我们作为人类认识自我的共同追求，这种学习就敞开了我们共同的人性，揭示了人类生活的所有基本问题和原则。这样，探索人性的学习就拥有了构筑不寻常的非凡人类纽带的巨大威力，这种威力超过了寻常形式的共同工作和协同一致为共同目标努力的威力。因此，《刺猬的优雅》描绘了社会生活的一种替代形式的画面，这种生活形式不是基于经济阶层，而是基于对共同人性的共同反思所形成的纽带。这样的纽带打破了社会阶层、性别、种族和年龄间的种种壁垒。由于共同的人性、共同的生活体验和共同的理想，我们与已故作家或健在的研讨会伙伴之间建立起团结的纽带。

引发矛盾感受的文学与共同基础

智识之所以能够为生活提供指南，是因为它有能力将我们带入跨历史、跨民族的广泛人类共同体中。由于好学对人性至关重要，所以我们通过学习不仅与他人相联系，也与做人的意义相联系，也就是与一种更广泛的自我认知相联系。杜波依斯在书中发现了一个没有种族歧视的社会，另一些人在书中找到了玛丽·史密斯所说的"心系全人类"之情。但有时，书籍也会提醒我们自己属于更小的共同体，属于某种子群体。当我读到埃莱娜·费兰特的《那不勒斯四部曲》中描写的两位女性自少女时代起延续一生的友谊时，我能认出自己与其他女性的友谊的影子，而据我所知，男性作家从未准确捕捉过生活中的这种层面。自从19岁那年我第一次读马尔科姆·爱克斯的自传起，我就喜欢上了这本自传。但是，我也确信，对美国种族主义受害者、诡计多端的骗子或困在监狱的人来说，这部自传有着全然不同的意义。

我们还熟悉沙文主义的文学、哲学或科学，以及标榜我们自己的民族、族群或社会定位并贬低我们臆想中的敌人的思想宣传。但是，可以肯定，卓越著作的标准之一是能勾勒出鲜明的人物形象，并能让我们意识到我们所共有的人性。这样的形象透过《那不勒斯四部曲》中特定的女性形象和马尔科姆自传中的非洲裔美国人形象呈现出来，并且超越了这些特定的形象。文学批评家乔治·斯坦纳将艺术家的作品描述为"把难以表达的、私密的东西翻译成人类的普遍认知"。[66] 的确，如果艺术家的作品没有把遭受贬低的更小群体和"人类的普遍认知"（包括共同体验以及我所说的共同尊严，即我们共有的人性光辉）联系起来，那么即使在其主要的特定受众群体看来，这种作品也不会多么感动人。[67] 在这类作品中，正是人性光辉与社会贬低之间的紧张冲突令我们心碎，如果我们与作者拥有共同的性别或种族，这种紧张冲突甚至会变得更加尖锐，细节也显得更加真实。

因此，带有政治色彩的最好文学作品都是令人心碎的，比如在荷马的《伊利亚特》中，我们看到了那些勇敢善良之人被作者一方的人所消灭。古希腊文化统一的成形时刻是在血流成河的屠杀中得到见证的，诗人记录了在屠杀中死去的每一个人，描述了他的父母或他的新娘，道出了他破灭的希望。在现代，何塞·希罗内利亚写了一部有关西班牙内战的小说——《柏树相信上帝》。[68] 读者不得不眼睁睁地看着朋友、邻居和家庭成员之间的亲密纽带由于战时巴塞罗那愈演愈烈的暴力而逐渐破裂。一次又一次的暴行将每个人推向冲突的对立面。有人沾沾自喜地藐视穷人，有人则讨厌宗教，沉溺于个人恩怨之中。如果读者更倾向于同情那些陷入混乱且有人性的左派人士，而不是那些冷酷的、满嘴黑话的法西斯分子，那么这些左翼人士实施的谋杀活动的本质及其规模会对我们的同情提出挑战。优秀的文学作品能够让我们的派系承诺在残酷的现实面前瞬间崩溃垮塌。

正是智识生活中普遍的人文主义承诺使其超越政治的羁绊。即使最理想的政治也离不开党派之争；它要求分裂、忠诚和敌我对抗的情感力量。如果没有共同的文化、共同的承诺、共同选择的生活，派别之争将丧失其制衡作用并变得有害。就像用来达到目标的其他手段一样，分裂本身就能让人感到满足。因此，在社交媒体驱动下的政治中，我们不知不觉地变得肤浅，热衷于表面的胜利，动辄被表面的挫败所激怒，不清楚自己感知到的事物对真实世界产生的影响。但是，即使政治运作正常，它也更多的是一种竞争，而非通力合作。

各国科学家的通力合作长期证明着人类对智识生活的普遍关注，学者的国际共同体或者文人共和国的概念本身就意味着学界是没有国界和军队的国家。17世纪时，即使欧洲充斥着宗教迫害和宗教战争，知识分子之间的纽带仍然凌驾于冲突之上。

卢卡斯·霍尔斯坦尼乌斯是文艺复兴晚期的教皇图书管理员，他皈依了天主教，为了获得手稿或者推广自己的《圣经》版本而与新教徒激烈争夺地盘。[69] 但比起这种狭隘的领地意识，他拥有的更多是宽广的胸怀和慷慨大方：他始终保持与新教徒学者的友谊，借给他们书籍，并帮助他们在庞大而珍贵的梵蒂冈图书馆中找寻所需的图书。霍尔斯坦尼乌斯的客人之一是新教徒诗人约翰·弥尔顿，他在《失乐园》中把恶魔毫无意义的争论比作天主教经院哲学家们的哲学思辨（2：555—569），并津津乐道地描述了将要下地狱的天主教徒："胎儿和白痴，隐士和修士。"（3：474—497，引语在3：474）弥尔顿在信中对霍尔斯坦尼乌斯满怀感激之情：

> 最有学问的霍尔斯坦尼乌斯，我完全不知道，是说我们国家唯有我自己发现您如此好客，还是说……您一贯如此……如果是前者，那么我应该已被您视作绝非等闲之辈，到目前为止似乎值得让您与我建立起友谊的纽带，得到您如此的赞誉，我备感荣幸，而且这与其说是因为我的品德，倒不如说归功于您的温厚习性。[70]

对学习和理解的共同追求超越了任何屠杀、巷斗和口水战。

智识生活有什么好？它是远离危难困苦的避难所；它提醒人们意识到自己的尊严；它是洞察力和理解力的源泉；它是孕育人类志向和抱负的花园；它是墙上的洞，能够让人暂时从当下的争斗中抽身，获得更广阔的视角，提醒人们意识到自己拥有人类的共同遗产。所有这些都至少表明智识生活是人类必不可少的财富，即使它只是人类的众多宝贵财富之一。

为学习而学习？

> 此外，如果人类从不从彼此身上学习任何东西，那么将我们联系在一起的团结的纽带"爱本身"就不可能使灵魂相互交融，也就是说，无法将灵魂彼此融合在一起。
>
> ——奥古斯丁，《论基督教教义》

在这本书的开头，我曾提出过这样一个问题：若抛开结果，只考虑学习对学习者产生的影响，学习看起来是什么样子？这个问题旨在说明为学习而学习本身为何重要。但是，如果"为了学习本身"和"为了学习对学习者产生的影响"指的是一回事，那么我们应该能够清楚地说明，究竟什么对于学习者和人类思考的主体是重要的。

当我们回顾自己到现在为止解答这个问题的方式时，我们将发现一个悖论。我们的人生巅峰不是一次，而是两次。一次是实现人类最高和最深层次的可能性，实现理解的能力。而另一次，正如奥古斯丁在本节开头引文中所说的，是人类之间建立团结的纽带——"爱本身"，或者建立我所说的"共同体"。

奥古斯丁说，我们彼此相爱的能力取决于互相学习的潜能，这表明我们学习是为了爱。果真如此，学习就不是为了学习本身，而是为了培养爱的潜能。学习可能是培养爱的唯一方式，也可能是众多方式之一；但无论如何，它都次于我们之间结成的爱的纽带的价值。

与此同时，上文描述的学习共同体并非为了团结而聚集在一起，也并非为了兄弟情谊而结为兄弟，而是作为共同的学习者追求第三个目标：知识、真理、理解、优美、觉悟和卓越。这表明理解占据着最重要的地位，理解让人类拥有了自身的价值，而爱则一路相伴，但不会作为更进一步的目标而支配理解。没有对象的赤裸裸的爱似乎是空洞的，或者是循环的。我们爱邻人究竟是为什么，或者要得到什么？

然而，一个人就算最终抓住了事物的真相，独自登上卓越的巅峰，仍然感到不圆满。理解就像看到美丽和迷人的风景一样，是需要与人分享的。哪怕最孤独的学习者也在寻求交流机会，虽然可能只是依靠文字交流，或者只是为了自己永远也见不着的人。这就好像爱从理解中溢出，好像理解本来就是慷慨无私的。学习的乐趣天生就会转化成教授的乐趣。

我已试着描述剥去名誉、威望、财富和社会用途的学习是什么样子。学习给予我们人性的光辉，无论是个体还是集体皆如此。如果说是为学习而学习，我们指的就是学习并非为了外在结果，而是为了它给学习者带来的影响。但是，我们是否应该把对学习者的影响理解为洞悉意欲了解的事

第一章 世界的避难所

物？为学习而学习的目标是与其他人建立联系，还是与超越性存在建立联系——换句话说，与超越自己的更广泛知者共同体建立联系？我承认我还没有找到回答这个问题的满意答案，把它摆在读者面前就足够了。为学习而学习很重要，因为从本质上说，人类要么是知者，要么是爱者，要么两者皆是。

第二章 失而复得的学习

行为是内心天平的指针。千万不要碰指针,而是碰砝码。

——西蒙娜·韦伊,《重负与神恩》,
阿瑟·威尔斯英译

我的爱就是我的砝码。

——奥古斯丁,《忏悔录》

智识生活与人类内心

我们想要逃避的世界，原来就存在于我们的心中。要想把对学习的热爱发挥得淋漓尽致，我们就必须允许它通过内心的战争或和解来约束和整理我们的其他动机。智识生活其实是一种禁欲主义，是一种自我修养，需要将我们的一部分连根拔起并使其枯萎干瘪，就像需要阳光、土壤和种子一样。

禁欲主义之所以是必要的，是因为学习并非仅存在于可经过旅行前往的稀有领域，就像一个人可以前往喜马拉雅山和夏威夷那样。学习是社交世界的一部分，参与世界的邪恶，提供它自己的障碍。我们的学术机构不仅提供了践行对学习的热爱的机会，而且让我们有机会增加财富，提高地位。因此，这类机构激发除了对学习的热爱之外的其他热爱，可以培养出只把学习看作次要目标的知识分子群体。一些不良的思维习惯甚至会令我们抵触学习本身。

本书第一章的例子可能看起来有些稀奇古怪。是什么赋予了他们定义智识生活的独有权力？我们知道还有其他的学习生活，野心和成功交织的学习生活。我们很可能会听说，学习文科是通往商业成功的最佳途径，像乔布斯或比尔·盖茨就是典范。我们也知道有些知识分子的故事，他们的学习让他们与人类生活的日常事务如此脱节，以至于往好里说他们变得生硬粗暴，往差里说他们变得残酷无情。我上文提到过半虚构的人物马丁·伊登，他只管埋头读书，把自己和其他所有人隔离开来，包括他爱的女人。我们还有弗里茨·哈伯和许多像他一样的人的例子，他们将自己的聪明才智用于毁灭人类。

一连串与第一章并列的关于智识生活如何出错的例子，并不足以给出完整的画面。如果我要说服你相信我刻画的为学习而学习的形象——内向、遁世、展现尊严、与人的心紧密相连——是一种合适的理想，我需要做的就不仅仅是诊断出智识生活的常见弊端，还要描述前往和离开良性智识生活以及恶性智识生活形式的道路。换句话说，我需要讲述扣人心弦的关于堕落和救赎的故事。

智识生活显而易见的无用性

> 我们将成为化学家，但是我们的期待和希望大不相同。恩里科想把化学作为谋生和过上安稳日子的工具，这相当合理。不过，我渴求的东西截然不同，在

我看来，化学就像笼罩在西奈山上空的黑云一般，代表着未来无限的潜力，将我的生活包裹在其中，不时有耀眼的亮光划破黑色的旋涡。

——普里莫·莱维，《元素周期表》，R. 罗森塔尔英译

把智识生活描述为有助于从政和经商，是在反驳之前一种更普遍的观点。其实，我们认为智识生活一点儿用也没有。我们觉得智识生活是无用的奢侈品。为什么？我们身上是什么在阻碍我们将智识生活视为内向的、遁世的、有尊严的、情感交流的基础？是什么在阻止我们将智识生活看作让人蜕变和获得救赎的，以及幸福生活的核心？

认为智识生活毫无用途的观点其实并没有任何新颖之处。据记载，古希腊第一位哲学家泰勒斯在仰望星空时掉入井里，遭到女仆的嘲笑。古代文献小心翼翼地回应了对无用性的指控，还说泰勒斯凭借其天文学知识预测到橄榄的大丰收，因此他买下所有榨油机，发了大财。[1]（最近的一篇新闻报道对这个故事有所提及，文章是关于我的一个研读名著的同学的，如今他已是成功的投资银行家了。）据说阿基米德是为了算完他的数学定理而死的，还有传闻说他为叙拉古的同胞设计了惊人的战争机器，他们凭着这些机器长时间抵挡了罗马人的入侵。[2] 我们已经考虑过苏格拉底的复杂表现：他既是观察天体者，也是战争英雄；既是不合群的沉思

冥想者，也是关心同胞的牛虻。当然，柏拉图对他老师苏格拉底的社会功用的描述旨在为一种存在方式辩护或捍卫它，这种存在方式从另外的角度看起来毫无意义、幼稚或者是自毁的。

我们对热爱学习的看法被关于经济用途和公民用途的观念扭曲了。我可以说得更直白一点，我们看不清智识生活，因为我们热衷的生活方式沉溺于物质享受和社会优越感。我们渴望苏格拉底的深邃思想，却不愿意过他那种贫困的生活。我们渴望面对权力说出真相的刺激感，却不愿意完全投入使之成为可能的精神生活。我们渴望泰勒斯观星的收益，却不愿意像他一样遭人嘲笑。我们渴望爱因斯坦的天才见解，却又不愿意像他一样在专利局默默无闻地工作多年后还要遭受失业的羞辱。我们不是直面现实，主动接受某种追求必然付出的代价，而是假装我们无须做出抉择。智识生活可以给你带来财富和很高的社会地位，我们能拥有这一切。因此我们欺骗自己，让自己相信我们真正关心的是智识领域，但实际上我们会为了我们的偶像——舒适、财富和地位——而瞬间牺牲掉它。

因为我们在目标上自我欺骗，所以智识生活有大量注过水的和工具性的形式。我们的大学总是尝试模糊热爱学习的价值与出于其他原因而有价值的事物的价值之间的区别。因此，出现了各种智库和为创业思维和捍卫正义的思维而设的专业学位。赚钱当然有用，为正义而奋斗也是必要的，但两者的价值与热爱学习的价值相比还是有差异的。我们中那些真正有志于创业和为正义而奋斗的人因而被哄骗，认为我们需要专业知识储备。与此同时，对学习本身的热爱却遭到边缘化，被扫进偏僻的角落。我们在教育界所认为的对经济和政治繁荣的讲求实际的常识性关注，其实不过是自私的一厢情愿的想法的一团迷雾。

要想走出迷雾，揭示我们心态遭到扭曲的根源，我们就需要在一定程度上人为地区分通常重叠的种种动机。对财富的贪婪就提供了一种自我欺骗形式，对社会优越感的渴望是另外一种形式，热爱公平正义则呈现出独特的困难，对此，我们将在下一章中分别探讨。

蒙蔽双眼的财富

成人的闲散被视为正事，孩子的闲散尽管与之完全相同，却要受到这些同样的人的责罚，而且无人可怜孩子和成人。某个不偏不倚的旁观者或许会认为，我小时候玩球理应受罚，因为妨碍了学业。而学业让我在成人后有机会玩一些更低级的东西。我与鞭打我的师长有何不同呢？当他在一些鸡毛蒜皮的小事上与其他师长争得面红耳赤，他就会比我在一场球赛中被人打败时更加恼羞成怒。

——奥古斯丁,《忏悔录》

公元前 5 世纪的雅典喜剧作家阿里斯托芬准确地诊断出,财富及其带来的社会地位的提升会滋生自我欺骗。在他的戏剧《云》中,淳朴的老人斯瑞西阿德斯来自平凡的牧羊人家庭。但雅典帝国开辟的新贸易路线让采羊毛者变得富有,他家的新财富为他赢得了一位贵族妻子。一开场,他的家庭就面临法律破产的威胁,因为妻子的高档品味,尤其是儿子痴迷于投入甚高的马车比赛,让他债台高筑,不堪重负。万般无奈之下,斯瑞西阿德斯想把儿子送往苏格拉底的思想所[3],他听说,人们可以在那里学习如何让较弱的论点显得更有力,从而在法庭上不公正地辩赢债主。他儿子刚开始拒绝了,因此斯瑞西阿德斯自己去报名学习诡辩术,以摆脱债务的法律负担,从而使他能够保住财产,维持生活方式。

当斯瑞西阿德斯到达思想所时,他看到面色苍白、饥肠辘辘的学者们正在测量跳蚤的跳跃距离(方法是将跳蚤浸入蜡中,然后测量跳蚤自己足迹的距离)。他们还研究蚊子的嗡嗡声究竟是从嘴巴里还是从屁股里发出的(他们得出的结论是:来自屁股)。为了观察太阳,苏格拉底自己吊在空中的篮子里,"把他的思考混入空荡荡的空气"。[4] 显然,思想所的研究都是些为了其自身而进行的研究，或者说，无论如何，它们没有任何意义。

乍一看，斯瑞西阿德斯是个淳朴之人，符合牧羊人的出身。学者们弯着腰，盯着地面，就像在寻找塔耳塔洛斯*下面的神灵一般，斯瑞西阿德斯以为他们是在采摘块菌和蘑菇。学生们打算测量整个地球的大小；斯瑞西阿德斯习惯于为获得收成或者利润而勘察田地，他无法理解这种测量的意义，毕竟谁也不能给整个地球种满庄稼，也不能把整个地球都卖掉。一个淳朴之人，一个沉浸于简单而实用的商品里的人，很可能会对智识生活产生困惑或者鄙视。嘲笑泰勒斯的女仆更愿意看着脚下的路，而不是仰望星空。因为淳朴生活是一种稳如磐石的人类存在方式，所以它可能会非常吸引人或是让人心满意足，以致心灵问题似乎与之格格不入，他们也不可能理解。

然而，我们并没有看到斯瑞西阿德斯处于纯粹质朴的状态中。在戏剧的前面部分，斯瑞西阿德斯赞美了他年轻时自由而随性的乡村生活，那时他以蜂蜜、橄榄油和羔羊为乐。他哀叹自己被妻子的香水和藏红花的气味所诱惑，那是

---

* 塔耳塔洛斯（Tartarus），希腊神话中地狱底层的一个深渊，它到地面的距离相当于地面到天穹的距离。据说，一块石头从地面落到塔耳塔洛斯，需要9天9夜的时间。——译者注

第二章 失而复得的学习

财富的感官诱惑。他的婚姻及其带来的沉重债务是他来到苏格拉底的思想所的原因。这就是为何他在表达乡下人的蔑视时，会对学者们的聪明才智加以称赞。为了取悦地位高的家人和摆脱债务，他向自己朴素的人性开战。

斯瑞西阿德斯被运用才智所带来的崇高声望迷住了。因此，他开始盲目地相信，对跳蚤和蚊虫的理论探究与在法庭上胜诉的不正当演讲和论点的知识之间存在某种联系。但是，这种联系究竟是什么呢？为了尽快达到实用性目标，他坚持尽快了解不公正的演讲。假如斯瑞西阿德斯是当代大学生或捐款大户，善解人意的大学管理者会为他开设一门课程：在法庭上躲债的科学和哲学。

思想所里的学者们不敬拜传统神灵——那些保护庄稼、提供战争胜利或安排美满婚姻的神。他们崇拜的是云。这是奇怪的神灵，不同的观云者看到的云完全不同：懦夫看到的云像鹿，腐败政客看到的云像狼。通过这种方式，云就揭示出了观云者的追求：暴露了真实的动机及性格。他们的代言人就是喜剧家阿里斯托芬本人——哲学家之神显然是喜剧人。我们应该期待喜剧揭示出人物角色以及观众心中的真正动机。

这出戏的结尾的确表现出了斯瑞西阿德斯最终看重的东西与这种新学习形式的矛盾冲突。斯瑞西阿德斯因为表现不佳而退学，把他儿子送去思想所代替他。儿子学成回来后开始殴打老父亲,并吹嘘说,既然他接受了不公正论证的教育,他的虐待是正确的。斯瑞西阿德斯先前拒绝了年轻时的乡村质朴价值观,抛弃了可以在正义的范围内享受的简单快乐和使人们有可能建立起共同体的淳厚朴实,如今尝到了恶果。他试图维系家庭的努力反而导致了家庭的毁灭。他仍然没有办法审视自己,审视自己所做的选择,他指责苏格拉底的腐蚀性影响,并试图放火烧了思想所。这出戏剧的结尾是,思想所燃起熊熊烈焰,学者们仓皇逃窜。

《云》通常被视为对苏格拉底的公开批判,控诉新形式的学习破坏了传统价值观。因此,人们认为这部戏剧促成了一种舆论气候,它导致苏格拉底受到腐化雅典青年的指控并遭到审判,最终在公元前 399 年被处决。但是,讽刺的更主要目标指向斯瑞西阿德斯及其家人,他们是被财富以及帝国腐化的象征。阿里斯托芬敏锐犀利地揭露出斯瑞西阿德斯的身上一堆相互抵牾的冲动。斯瑞西阿德斯是乡野村夫,应对不了新获得的财富及其社会地位,他既想过奢华生活,却又不想付出代价,既想通过廉价的方式逃离审判,又想继续赢得儿子的尊重和敬意。"新学问"及其对社会规范的破坏与其说是外界的入侵,倒不如说是他自己追求财富和地位的欲望带来的结果。如果雅典人不在斯瑞西阿德斯身上看见自己的影子,反而利用《云》这部戏剧来怪罪苏格拉底,那么他们已经被剧作家准确地诊断为盲目和自欺。

斯瑞西阿德斯及其家人在乎的只是得到财产进而享受快乐。这种快乐既可以带有质朴气息，也可以带有贵族气派；既可以是美食佳肴，也可以是与贵族女性发生性关系，或者与年轻贵族进行马车比赛。对这样的人来说，智识活动是什么样子的呢？如果他在乎的只是赛马车，追名逐利，回忆往昔的辉煌军功或者早已丧失的淳朴天真，那对于他来说，哲学就像是去研究蚊子的屁股。在斯瑞西阿德斯看来，智识活动就是去测量跳蚤的跳跃距离。这其实就是一个只看到"实用性"价值的人产生的扭曲看法。

通过《云》的棱镜看清我们自己，其实并不难。我们也为了物质性目标而接受教育，这种目标是帝国财富及其促成的生活方式长期塑造而成的。当这些目标与我们的其他目标发生冲突，或者我们力不能及时，我们就会闭上眼睛，寻求似乎无须妥协的解决办法。在盲目的探索中，我们将把对我们来说最重要的东西付之一炬。

就像斯瑞西阿德斯一样，我们也丧失了与淳朴根源的联系——我们的淳朴根源在于简单，在于自然的物品，在于辛勤的工作，在于把优秀的技能付诸实践，在于基本的快乐。我们渴望保留或者进一步改善舒适的生活方式，由此产生的焦虑同样扭曲或者削弱了我们的洞察力，使我们难以见识人类在艺术和思想领域的辉煌成就，而这些辉煌成就正是财富、奢华和城市生活的最优秀成果。财富与奢华掩盖了我们的淳朴根源，但它们也造就了伟大的喜剧、悲剧、绘画、雕塑、历史以及哲学。

《云》关注的恰恰是财富的这种双面性，一面是人类文化的精粹，一面是淳朴人性的毁灭。这部戏剧并没有向我们呈现未遭扭曲的哲学真容。《云》就像一则笑话。但是，这则喜剧本身、它对人性要素的剖析以及对我们自身的启示在斯瑞西阿德斯年轻时的质朴世界里是无法诞生的。财富既能腐化人类共同体，又是想象力自由发挥和学习知识的必要条件，有没有一种方法可以解决这种两面性的冲突呢？有没有一种方法让人既可获得智慧又可避免腐化堕落呢？

财富的两面性

《云》出现几十年之后，柏拉图的《理想国》问世，它也反思了财富和奢华促成的人类辉煌文化成果与简单淳朴的优势之间的冲突。苏格拉底和他的对话者试图理解正义究竟是什么，他们设想了公正的政治共同体看起来是什么样子。苏格拉底首先提出将单纯质朴的乡村社会作为正义的典范，在这里，农民、鞋匠、织工和铁匠共享劳动成果。他们工作是为了满足共同的需要，工作之余他们会通过饱餐和唱歌来放松休息。在这样一个社会里，正义是看得见的，体现在共同体成员之间相互依赖，人人都为了他人的需要而努力工作。[5]

但是，苏格拉底的对话者格劳孔对这种人类正义观并不满意。格劳孔反驳说，那些头脑简单、正直和温和的人，其生活就如同猪一般，他们吃饭时不会斜倚在长榻上，食物也缺乏美味佳肴的风味。苏格拉底认真地思索了格劳孔的主张，想象了这样的舒适和诱惑会创造出的"狂热"城市，城中到处都是刺绣、装饰品和音乐，洋溢着绚丽之美和快乐。但是，因为这样的富裕城市会招来嫉妒，所以它也必须致力于使用武力来保卫自己的财富。在苏格拉底的想象中，美容院、吹笛女孩、艺术和军队会同时出现在这座新城市之中。

人们很有可能会觉得，按照雅典的历史发展来看，随着城邦和贸易的发展，哲学以及智识生活会和人类的奢华享受一同出现。但是，实际上，在《理想国》的叙述中，哲学以及智识生活直到这座狂热而奢侈的城市受到训练和净化之后才出现，训练和净化它的方式是向士兵和统治者提供严格的教育，精心培养其强健的身体、优雅的举止和音乐才能，这些都使人变得更卓越和道德高尚。在私有财产被废除之后，哲学、天文学和数学才出现。[6]

正如《理想国》的对话者所描述的那样，智识生活依靠财富和奢侈。智识生活不会在工作占据支配地位的环境下产生，它只会在经济发达、人们有大量休闲时间的条件下出现。然而，智识生活并非财富和奢侈的直接产物。智识生活诞生于纪律严明的富裕社会，这个社会害怕财富与野心的诱感，并训练年轻人去做真正重要之事。智慧的发展要求人们主动选择禁欲，有意识地规避可轻易获得的奢侈享受。智识生活在乡野村夫的简单淳朴与财富诱发的堕落之间开辟出一条新路。因此，不同于上文提到的雅典喜剧作家阿里斯托芬，柏拉图笔下的苏格拉底拥有一个希望，即希望人类以本真的方式生活，不仅满足基本的生活所需，而且追求人类的卓越之巅。

尽管《理想国》提供的具体形式最终过于异想天开或者过于独断专行，但是，这种追求本真人性的希望还是值得拥有的。如日中天的雅典痴迷于两种生活模式，一种简单而世俗，另一种复杂而神圣。在这两种模式中，我们似乎都展现出了最好的一面。不过，这两种模式发生冲突之处，会让二者都面临威胁，而在两者间达成妥协会将两个世界最糟的一面展现出来。

我们不是拥抱淳朴者的简单快乐或世故者闪现的洞察力，而是像斯瑞西阿德斯一样，把对吃、喝和性的低级欲望与对荣誉、地位、优越感和支配地位的高级冲动融合起来。我们在昂贵的餐厅里寻求吃的快乐——这是一种简单的快乐，由"吃"这个行为本身带来——但考虑到这种高级餐厅菜品的分量，我们主要摄取的是转瞬即逝的优越感。阳光、天空和云彩无处不在，户外的绚丽风光并不难发现，但是，我们会不惜花费巨资前往异国他乡的山顶和狂野沙漠，只是为了拍摄一些美妙的照片到处炫耀。我们的身体似乎满足不了充满俊男靓女的环境对性生活的要求：我们必须得给身材塑形，去除体毛，涂脂抹粉，穿着光鲜，在性吸引力方面鹤立鸡群，才配得上交往对象。获得并维持社会地位的急迫需要，连同银行账户余额一起让我们的心灵不堪重负，而那些真正重要之事在我们的眼中反而显得有些多余。

财富与智识生活以及文化的其他形式之间的关系具有两面性。一方面，财富是它们的存在条件——有了财富，人们才有可能享受休闲；另一方面，如果把财富当作追求的目标而不是获得其他美好事物的条件或手段，那么财富就会吞噬乃至毁掉其他美好事物。这再次证明，我们的挑战在于如何区分目的与手段、目标与工具。财富是工具，是手段；它自身不能作为人类生活的终极目标，否则它将毁掉我们所关心的其他事物。

渴望出人头地的强大腐蚀力

> 古往今来的最猛烈毒药，
> 来自恺撒头上的桂冠。
>
> ——威廉·布莱克，《天真的预言》

让我们假设智识生活不是一种禁欲苦行，而是精致讲究的享乐。智识生活是众多奢侈享受之一。早上，乡间绅士阅读羊皮书，下午则去猎狐或者打高尔夫球。都市时髦人士则一边喝着浓烈的纯咖啡，一边阅读尼采或莎士比亚的作品，若是感到疲乏或饥饿了，就品尝一下新鲜出炉的精致小点心。我们或许会为自己思想上的自我优越感辩护。当普罗大众追捧最新的真人秀节目时，我们去观赏艺术片。我们吃新鲜的有机蔬菜而不吃罐装蔬菜。我们依靠土地生活，却无须弄脏双手。智识生活可以说是纯手工烤制的心智面包。（我们的学术机构打着善意的幌子，在一定限度内为不平等和帝国主义辩护，这难道只是巧合吗？）

正如皮埃尔·布尔迪厄在《区分：判断力的社会批判》一书中所论述的那样，品位和文化问题加固了社会边界；它们的一部分本质就在于展示社会地位。[7]但是，如果智识生活只是关乎精致讲究的享乐，彰显高贵的生活方式，再无其他，那么智识生活改变不了我们。智识生活其实是一种消遣，而不是自我反省或个人改造的手段。如果我们获得财富和舒适生活的条件瞬间消失，如果支撑我们生活方式的体系突然分崩离析，如果我们无法满足其条件，或者如果我们成为政治纷争或者经济动荡的受害者，那么智识生活也充当不了我们的避难所。（难道纯手工烤制的面包或者独家供应的咖啡可以充当避难所？）

乡巴佬忙于各种实际事务，理解不了复杂的探索形式。智识生活的敌人可不只是这些人。正如我们所看到的，真正的乡巴佬不是简单的土包子，而是不惜任何代价追求财富和地位的家伙。我们自己就是乡巴佬。当斯瑞西阿德斯那样与智识生活无缘的人追名逐利时，有智识的人更容易看清其过分的欲望。但是，当这种追求与具体的智识生活方式紧密结合之时，想要看清这一点就困难重重了。如果我们将智识追求视为挤入精英圈子的方式，那么无论是提升经济地位，还是在社会阶梯上向上爬，热爱学习与热爱财富和地位都是融合在一起的。

英国作家乔纳森·罗斯对英国工人阶级智识生活的描述大多十分美好，鼓舞人心，其中一些令人难忘的故事就可以沿着这种思路来解读。生于1889年的威尔士矿工D.R.戴维斯对观赏戏剧产生了浓厚兴趣。他说，当返回矿井时，他发现这个新的兴趣令他"越来越骄傲自大"；他还说，"我现在不喜欢甚至鄙视这群为了生计不得不接触的工友。受到的教育越多，我就越来越不喜欢交际"。[8] 生于1913年的凯瑟琳·贝特顿是电梯操作员的女儿，因为获得奖学金而上了所好学校，最后进入牛津大学。她的体验有些相似。她回忆说，当回到家时，她发现自己"对所属的丑陋工人社区感到一种前所未有的厌恶，甚至开始讨厌这里的人——女人的头发上挂着卷发器，手里提着鼓鼓囊囊的麻袋；摊主在街市上大声叫嚷；婴儿被留在酒吧外脏兮兮的婴儿车里哇哇啼哭。上过牛津大学后，这里的一切一下子变得**不堪入目**"。[9]

我觉得，这个故事对于很多专业知识分子或者大学教授来说应该很熟悉吧：一个人将读书或者学习看作逃离艰难生活环境的手段，他们发现学术生活是逃离原有生活环境的捷径，从此之后开始鄙视自己的出身。按照阿里斯托芬的说法，我们也可能猜测到，知识分子之所以鄙视其工人阶级出身，根源就在于他们享受因为学习而获得的高贵地位及舒适生活。同样，如果不是想要以自己的方式在地位竞争中胜出，我们何必那么鄙视把野心写在脸上的人？从这个角度看，智识生活不是竞争的避难所，反而是一种多少有些不正当的竞争形式。

即使是对学习的热爱本身，似乎也有一种对优越感的渴望，有挤进高级精英圈子的强烈动机。我们不妨再想想美国喜剧演员史蒂夫·马丁最初痴迷于哲学的故事。吸引他的既是哲学对不容置疑的普遍知识的追求，也是"像舞台魔术师一样，我能掌握只有少数人才拥有的秘密"。[10] 在法国哲学教授妙莉叶·芭贝里 2006 年出版的小说《刺猬的优雅》，即同名电影所依据的原著中，主角表现出野心受挫的沮丧，这一点在电影中却没有表现出来。[11] 小说中的角色勒妮虽然热爱美和读书，但她从中也感受到一种凌驾于他人之上的压

第二章 失而复得的学习   129

倒性优越感。小说中勒妮和帕洛玛的话语都流露出对上层阶级子弟愚昧无知的蔑视。这种蔑视,连同"掌握只有少数人才拥有的秘密"所产生的吸引力,展示了这样一种可能性:即使身处贫困之中,智识生活也绝非一座远离社会奋斗和社会竞争的孤岛;相反,智识生活最终来说不过是另一种方式的竞争而已。即使这种竞争只能被有智识生活的人自己所理解,事实或许仍然如此。

如果好学很容易跟追逐财富和地位的欲望混淆起来,那么我们怎么才能逃脱自我的束缚而获得更完善的人性呢?在接下来的内容中,我将描述两种可能性:像奥古斯丁在《忏悔录》中描述的那样,通过哲学上的自省逃脱自我的束缚,或者像埃莱娜·费兰特在《那不勒斯四部曲》中描述的那样,通过艺术创造逃脱自我的束缚。我认为这两者体现了智识生活的蜕变修炼和对学习的热爱。当然肯定还有其他例子,但是,我觉得这两者就足以说明逃脱自我的束缚似乎是可能的。

依靠哲学修炼获得心灵救赎

看清世界的本来面貌乃哲学的任务。

——艾丽丝·默多克,《善的至尊》

看清世界的真面目最为困难。

——约翰·贝克,《游隼》

奥古斯丁的《忏悔录》也许是历史上唯一一部以哲学探索的形式写成的自传。更加令人印象深刻的是其迷阵式的叙事风格:在200页的拉丁文本中,奥古斯丁提出了700个问题。[12]但是,这些问题并没有全部得到解决。

在古代,认识自我常常被看作对人性的认识,而非认识我们个人的性格特征、特殊性和癖好。德尔斐神庙刻有一句震耳欲聋的铭文:"认识你自己!"它似乎并非意味着"明白自己最喜欢吃什么早餐",而是"要意识到自己是能力有限的凡人,并无上帝般的威力"。因此,柏拉图笔下的苏格拉底也想知道,人类只是血肉之躯,像动物一样要睡觉,也会生老病死,为何成为能看透永恒现实的智慧之源?认识自我就是试着认识人是何种存在——人类是什么。

奥古斯丁并没有拒绝让我们看到其私密的个性轮廓:他对性的冲动和痴迷、他的自私和争强好斗,以及内心对知识的强烈渴望。但是,他在把这些元素嵌入一般的哲学讨论中时非常谨慎,引导读者通过它们去思考更普遍的议题。他认为,这些讨论与思考塑造了他的个体存在,而他描述自己的生活是为了展示其普遍的人性特征。因此,《忏悔录》的前九卷描述了他刚开始如何被性爱、荣耀以及社会地位所奴役，通过读书和研究哲学而获得解放，随后引人注目地皈依了基督教。《忏悔录》的后四卷则描写了他自己的思想探索历程，这种探索是他皈依基督教并禁欲克己之后才得以实现的，探索的对象是人类的自我（人的欲望、记忆和知识）、时间的本质，还有描述上帝创世的《圣经》。

奥古斯丁将自己14年的读书经历描述成一段旅程，遇到了形形色色的想法和思维方式，更为重要的是体验了特定动机，以及发自内心的情感波澜。[13]在他18岁那年，他读到了古罗马哲学家西塞罗的一篇有关哲学价值的演说词，燃起了他强烈的学习欲："西塞罗的劝诫中令我高兴的一点是，我应该热爱、追寻、赢取、占有以及拥抱的不是这个或那个哲学学派，而是智慧本身，无论这智慧是什么。"[14]西塞罗的劝诫点燃了奥古斯丁不懈追求智慧、真理以及知识的热情，并以此来指导和安排他的生活。与此同时，他和女友搬到了一起，开始了教授修辞学的职业生涯。

不久之后，他转向摩尼教，当了9年信徒。摩尼教徒都是唯物主义者，他们相信人的身体内部是一片黑暗，镶嵌着理性的碎片与神性的碎片。若能意识到隐藏在身体里面和弥漫在整个世界的物质的上帝之光，这就被理解为一种自我解放。物质的光明与物质的黑暗被锁在一场宇宙间的斗争之中，人类不仅参与而且亲眼见证了这场斗争。最终，人类共享的宇宙之光将把一切都聚集在自己身边，使得黑暗与其隔绝，变得毫无招架之力。

奥古斯丁在摩尼教徒身上发现了在某种程度上他早已认同的世界观，并且在他此后的成人生活中更深入地信奉其观点：理性优越于激情，性欲以及追求名誉和地位的欲望在本质上具有盲目性和破坏性。这样的价值观在西塞罗以及塞涅卡等拉丁语作家的作品中司空见惯，而奥古斯丁就是通过他们接受教育的。但是，摩尼教也为奥古斯丁提供了众多详尽的神话，使其产生了可全面理解宇宙的幻觉。摩尼教认定，个人无法控制感官欲望——毕竟，欲望并非我们的一部分——因此，奥古斯丁可以为自己难以割舍性爱找到借口。由于天生擅长辩论，奥古斯丁可以轻而易举地战胜和羞辱那些不善言辞的基督教徒。他逐渐深深地陷入摩尼教所教授的真理而不能自拔，这让他得以感受到专属的兄弟会提供的安慰，享受在辩论上赢过对手的兴奋，拥有全面但有些虚幻的宇宙观，还能为自己继续长期占有情妇找到借口。

奥古斯丁的母亲莫妮卡是个虔诚的基督徒，我们可以暂时从她的视角来看看。奥古斯丁怎么能逃离这么舒适的虚假之网呢？作为摩尼教徒，奥古斯丁似乎舒舒服服，万事顺遂。在我们看来，唯一不能满足他的可能是阅读西塞罗的作品所激发的对学习和智慧的热爱与渴求。莫妮卡对儿子的异端思想与罪恶感到绝望，于是前往主教那里求助，主教安慰她说："别管他了，只要为他向上帝祈祷即可；他通过读书，以后就会发现自己错在何处，会发现他的不敬是多么严重。"[15] 或许是因为这位主教看得出，奥古斯丁学习的热情不减，他明白这终究会打破奥古斯丁的舒适圈。或者他知道摩尼教所教授的宇宙观不能让任何人获得持久的满足。事实上，奥古斯丁通过读书的确发现了自己的错误。最后，他也的确发现了摩尼教宇宙观与他从哲学家和天文学家那里学到的宇宙运行真理之间存在着令人不安的矛盾。[16] 这些矛盾令他产生了更多怀疑，因此他再次开始不停息地求知与探索。

奥古斯丁最终开始研究基督教。米兰大主教安布罗斯给他留下了深刻的印象，这位忙碌的主教生活极其简朴，进食只为维持生存而已，而且热爱读书，经常默默读书到废寝忘食：

> 读书时，他的眼睛在书页上扫视，全心投入书中，默不作声。人人都可以求见他，他也没有要求访客必须通报的习惯。但是，我们走进他的房间时，经常看到他在读书，而且总是独自一人。我们不愿打断他专心读书，默默地坐上一段时间之后便起身离开。[17]

一个人如此忙碌却能遁入内心空间，这个形象一直萦绕在奥古斯丁心头——安布罗斯有一些他所缺乏的品质。

因为看了"柏拉图主义者的一些书",即新柏拉图主义哲学家普罗提诺的著作[18],奥古斯丁原本对基督教的质疑逐渐有所缓和。他开始觉得,肉体以及物质其实指向更广阔、更深刻的现实,而不是构成万物的整体。最终,他完全信服了基督教教义。这位学识渊博、成就卓著的修辞学家通过花园中儿童的诵读感受到了基督教的恩典,这使他从此断绝性爱,从欲望中解脱出来。他不再教授修辞学,转而寻求享受哲学式的休闲人生。(直到后来他以主教的身份投入公共生活。)[19]哲学探索让奥古斯丁得到了恩典,把他从幻觉中解放出来,让他不再执着于追求财富、舒适以及社会地位。

猎奇和浮华生活

民主分子不也是这么活着的吗?他一天天地沉迷于当天的食欲之中。今天是狂饮酒,听长笛,明天又只喝清水和节食;第一天是剧烈的体育锻炼,第二天又是游手好闲,忽视一切;而在另一些时候,又研究起他认为是哲学的东西。他常常想搞政治,经常心血来潮,想干什么就跳起来干什么,想说什么就说什么。有的时候,他雄心勃勃,一切努力集中在军事上,有的时候又集中在做买卖发财上。他的生活没有秩序,没有节制。他自以为他的生活方式是快乐的,自由的,幸福的,并且要把它坚持到底。

——柏拉图,《理想国》

每位读过《忏悔录》的读者都记得奥古斯丁在节制性欲方面所遇到的困难。但是,很少有人看到,这些欲望与他对名誉和地位的欲望是混杂在一起的,搅成了污浊的泥汤。他抛弃了为自己生下儿子的情人,但这并非为了上帝,而是希望将来跟有钱的女人结婚,从而推动他的职业发展。(他的这个算盘没有得逞。)即使奥古斯丁后来越来越崇信基督教,但金钱、荣誉和性爱依旧支配着他的生活;按照奥古斯丁的叙述,它们对他的支配一直持续到他在花园中号啕大哭、痛改前非的那个时刻。

然而,在奥古斯丁在《忏悔录》中谴责自己的早期生活的故事中,最生动的那些与性或野心无关。这些故事都是关于他小时候偷梨的行为,他因为好友离世而产生的过度悲伤,以及他的朋友阿利庇乌斯对观看角斗士表演的痴迷。孩童时期幼稚的恶作剧,失去朋友的悲痛,观看自己并未参与的残忍活动,这能错到哪里去呢?

阿利庇乌斯看角斗士表演的故事似乎最容易理解,而且我觉得,理解这个故事有助于我们理解其他故事。奥古斯丁把朋友阿利庇乌斯去观看角斗士角斗的动机称为

"curiositas"：正是同样的动机驱使年轻的奥古斯丁爱上戏剧。奥古斯丁判断，正是该动机使他皈依摩尼教的。在英语中，"curiositas"通常被译成"curiosity"（好奇心），这种翻译给很多读者造成了障碍。

在《忏悔录》的第十卷有关人类灵魂的描述中，奥古斯丁把"curiositas"描述成一种对知识的错乱热爱，使好学堕落成为"目欲"。[20] 显然，奥古斯丁心中所指的是某种具体的人性冲动；他并非仅仅使用了这个单词在拉丁语中的普通含义，更别说在英语中的含义了。通过他举出的例子，我们很容易看出他想要表达的意思："curiositas"包括渴望了解自身之外其他人的生活；渴望去看戏，为想象中的悲伤场景哭泣；渴望看到面目全非的尸体；渴望看到马戏团小丑；渴望看到蜥蜴捕捉苍蝇的场面，观看蜘蛛如何缠住猎物，或观看奥古斯丁那个时代非常时髦的角斗士表演。我将把"curiositas"翻译成"love of spectacle"（热爱奇观，即猎奇）。希望通过接下来的内容，我们可以更好地理解这个词究竟意味着什么。

阿利庇乌斯最初坚决反对观看角斗士表演。他在朋友的撺掇之下勉强前往，但是坚持要求蒙住眼睛。群众的喧闹声淹没了他；他揭开蒙住的双眼，被随后的表演迷住了：

看着鲜血飞溅，他深刻体会到野性的快感。他并没有转过脸去,反而目不转睛地凝视着那个景象。他沉醉在这狂乱之中,全然不知自己身上发生了什么,耽溺于这场角斗比赛的邪恶,嗜血的欲望使他沉湎其中。他已经不再是当初前往那里的那个人,而是成为群体中的一员,成了带他来的那些朋友的好伙伴。[21]

阿利庇乌斯抵挡不住猎奇的诱惑——他看到的还是最糟糕的形式,是人类自相残杀的渴望——其他人对此间接起到了关键作用。他的朋友们迫切想考验他,希望让他破戒,由此毁掉阿利庇乌斯的优越感,使其成为团伙中的一员。正是人群震耳欲聋的欢呼声突破了他的防线,令他揭开蒙住的双眼。他迫不及待地想要看见别人正在观看的景象。眼睛一旦睁开,看到人类为生存而自相残杀,由此产生的本能的痴迷也就所向披靡了。

奥古斯丁将猎奇谴责为对学习产生走火入魔的热爱,这种观点似乎颇为古怪且带有说教意味,但是,奥古斯丁的态度最终并非我们可能以为的那般陌生。本来就有一些事情是我们不应该知道的——比如邻居的性生活。我们目睹耳闻一些事情的欲望当然也是不该满足的——比如去听在车祸中受到致命伤害的人的尖叫,或去看他们被轧得血肉模糊的躯体。但值得思考的是,这种欲望究竟是什么?奥古斯丁为何觉得它如此危险?

我曾经去看过一次非常流行的展览，名为《人体世界》，那里展出了以各种方式解剖的人体，它们以一种高性能塑料形式保存下来。有些展品使我对人体的非凡秩序和优美感到惊奇：人的前臂中由动脉、静脉和毛细血管组成的宏大血液循环系统。另外一些展品显然是为了吸引眼球而设计的：孕妇肚子里的孩子完好无损，她那已经发黑的肺部却显露出来。于是你看出来了，正如路过的人用震惊的声音低声说的那样："她抽烟了！"由此，展览把好学推向了猎奇和道德优越感所产生的兴奋刺激。最后，观众被邀请填写一张表格，表明自己愿意将身体奉献给（利润丰厚的）展览，像他们所参观的人体那样让别人来参观。

互联网当然是猎奇的污水坑：比起狮子撕咬吞食野鹿的视频，人们更加关注富贵名流、达官显宦曝出的家庭纠纷和丑闻。它就像一座吸引眼球的神殿中的无底洞，总是邀请我们"去观看接下来会发生什么"。即便是互联网中最严肃正经的部分——新闻媒体——也热衷于报道暴行与恐怖行径。新闻头版总是试图令人震惊和害怕，就好像我们更愿意相信这个世界糟糕透顶似的。

耶夫·西蒙谈到普通人如何成为暴政的帮凶时说："他们不仅喜欢那些迎合他们嗜好的谎言，连在琐屑小事上都更喜欢谎言。如果一定要做出选择，人们有时候似乎宁愿选择令人不快的谎言而不愿选择令人愉快的真相。"[22] 社交媒体

"推特"是再好不过的例子,可以清楚地说明这一点。令人震惊和愤慨的可怕"事实"成千上万次地被快速转发传播,然而随后言简意赅的辟谣和揭露假象的证据却很少被人转发关注。猎奇的人沉迷于新奇性与破坏性带来的快感之中;比起低调信实的辟谣,他们更喜欢骇人听闻的新闻报道带来的战栗和揭秘所谓内幕引发的恐怖。因此,在某种程度上,渴望看到奇观与渴望自己变成奇观的欲望结合在一起:看着别人在展现自我,我们也跃跃欲试,忍不住想展示自己。因此,我们会与那些无聊、不安、孤独甚至动辄大发雷霆的人花上数个小时互相炫示。

猎奇与好学有何区别呢?奥古斯丁在一句令人震惊的话中将猎奇者描述成"为知道而知道"。[23]为获得知识而追求知识为何不值得赞扬?奥古斯丁曾在其专著《论秩序》中描述过,他和哲学朋友因受到诱惑,停止了讨论,转而去看斗鸡。这反过来又促使他们进行了更深入的讨论:"我们提出了很多问题。为什么总是有人为了占有女人而打起来?为什么打架总是那么吸引人,以致我们放下对崇高问题的思考,转而去以观看打架为乐?是什么样的内心冲动驱使着我们去追寻超越感官的现实?感官本身诱惑我们的又是什么?"[24]

好学追求的是感官之外的东西,而猎奇则受到感官本身的诱惑。这一说法可以解释奥古斯丁的"为知道而知道"所表达的意思。猎奇追求的只是单纯的体验——一次又一次的体验，一场又一场的斗鸡，一轮又一轮的角斗士表演。猎奇满足于这种体验本身，不提出更进一步的问题，也不探究更进一步的现实。这是一种空洞的寻求刺激的形式。奥古斯丁和他的朋友能从体验中抽身，并对它进行反思，这就表明在他们的内心深处引导他们行动的是好学而非猎奇。他们对猎奇的短暂屈服为其提供了哲学思考的材料。不像阿利庇乌斯，不由自主地沉迷于观看一场又一场角斗士的残酷搏杀，奥古斯丁及其朋友不会允许猎奇来支配他们的生活。

奥古斯丁及其朋友在观看斗鸡时提出的问题似乎也发挥了很重要的作用。他们从关注这个奇观转变为试图理解它并且掌控它。摩尼教徒提供了巨细无遗的宇宙观，即一整套事实或者说假定的事实。这一宇宙观给人一种拥有知识的感觉，却并未真正把握现实。比如，在摩尼教徒看来，无花果比其他果实拥有更多"光的种子"，因此智者都吃无花果。[25] 这个假定的事实旨在吸引人（"哇，光的种子！"），并为其特有的美味辩护（"难怪无花果这么好吃！"）。这样做并非邀请人们提出更深远的问题，而是本身就能带来一种满足感。不过，什么样的果实有光的种子？又能有多少呢？或许有人会以看似有道理的逻辑捏造出某种解释：光的种子的数量也许与实际种子的数量密切相关，因此，苹果的比无花果的少，橙子的比苹果的少。要是摩尼教徒知道猕猴桃……这些推测性解释在哪些地方与真正的现实不吻合，是很难看出来的。("我切开过无花果，里面**没有光的种子**。")而且再次凭空编造出一种看似合理的解释也不是什么难事。这个体系里或许不存在什么错误答案，也没有固定的判断标准，更没有真诚的探究，这表明真理从来不是其关注的焦点。相比之下，奥古斯丁在《忏悔录》中从未停止过质疑：在书的末尾评论《创世记》时，他提出了许多问题，同时也基于某些限制而排除了很多可能性。

像我这样天生就喜欢刨根问底的人非常清楚，**知道感**有多么令人迷醉和兴奋。很多智识上的追求都是由这种浮浅感受驱动的。它可能会诱使探索者远离深层的理解，浅尝辄止。很显然，正是这种"知道感"吸引着我们去掌握只有少数人才了解的知识，或者不怀好意地记住大量事实，这些事实将作为令人生畏的弹药储备，用于对毫无戒心的无知之人发动言语轰炸。奥古斯丁在摩尼教徒中间的生活正是这样，因此他对这种毒害再熟悉不过。

奥古斯丁和朋友们将猎奇与好学结合起来，他们不再以斗鸡为乐，而是开始提出疑问。由此可见，奥古斯丁并不打算谴责以这种方式自由运用大脑。只要它是对更丰富、更深刻、更根本的事物的坚定探索的组成部分，或者成为这种探索的一部分，这样的自由就不会给我们带来阻碍。("人们身上只有微弱的光芒；让他们走动起来，走动起来，以免被黑暗所吞噬。")[26] 这也正好解释了奥古斯丁自己的猎奇心理。后来，奥古斯丁探究了一些问题：最后审判中谁的身体会复活，是食人者还是被食者？如果人死时被剥皮，那么复活时，身上是否还有皮肤？复活者的头发还有指甲是否在好几个世纪里一直在生长？[27]这样的探索当然有一些猎奇的动机，但它们也是对人类的肉体本质以及上帝承诺的人类救赎本质的更广泛探索的一部分。奇观本身并不是奥古斯丁的目标。

因此，我们也能想象，好学的活动可以退化为猎奇的活动。比如说，我探究动物后发现海豚的智商很高。我可以越过这个发现，提出更进一步的问题，比如什么是智商，或者动物如何运用智商。但是，我也可以借此事实发挥想象力，将海豚视为一种仁慈的、聪明的、带有某种神性的动物，它们遨游于海洋之中，保佑或诅咒人类。我会沉浸在自己想象出的奇观之中，仅仅因为它们是奇观，也仅仅因为它们是我的奇观。

奥古斯丁的"curiositas"指的并非"好奇心"，这一点现在应该已经很明显了。或许，我们会说我们吃蟋蟀或者到附近小镇一日游"仅仅是出于好奇"。我想，我们真正的意思是这些增长见识的行为并没有实际的用途。我们可以对比一下那些有实际用途的情况，比如"我吃蟋蟀是为了给慈善机构筹钱"，或者"我为了做利润丰厚的房产生意，去邻近的小镇考察"。事实上，很多"仅仅是出于好奇"而做的事

第二章　失而复得的学习

都体现了对学习本身的热爱，只是我们认为学习的内容不太重要而已。

那些规模小且无用的好学活动不是"curiositas"或者猎奇的体现，因为它们能够推动个人的某种成长，比如，更好地理解什么算是"食物"，以及了解其他人对食物有怎样的体验，或者对自己周边的环境有更好的认识。奥古斯丁的猎奇只是为了感受奇观：为了体验而体验，并不以个人的成长作为目标的一部分，坦率地说，也不期待以个人的成长为结果。当然，人们也可以出于猎奇的动机去吃蟋蟀，或者去周边小镇参观游玩。如果我执着于追求同一种奇观——比如吃别人觉得恶心的食物，或者仅仅为了获得新体验而前往陌生的小镇，就像既没有学习意愿也无法停下脚步的流浪者——那么我的冲动就变得很明显了。在有些特定情况中，可能很难区分一个人究竟是好学还是猎奇，但我们可以料到这一点，因为二者可以互相促进。二者都可以构成一个根本导向，以及做某种具体事情的特定欲望。

好学和猎奇在根本导向上的差异，就是两种根本的不安之间的差异。其中一种正如奥古斯丁描述的自身经历所显示的那样，是穿过事物的表面，持续不断地趋近真实。另一种则是不断从一个对象跳跃到同一层次的另一个对象，除了体验的快感之外再无更多内容，也永远不会有进步。猎奇对人类来说始终是一种可行的选择，这本身就激发了人们对奇观的热爱。猎奇者并非像马尔科姆·爱克斯、安德烈·韦伊、伊琳娜·拉图辛斯卡娅等人那样追求良善,反而被糟糕的、悲哀的、丑陋的事物深深吸引。好学者总是喜欢追根究底,猎奇者则满足于蜻蜓点水,就像搔痒而非治伤。[28]

早年间,奥古斯丁为朋友之死而痛哭流涕,也是同样的道理,仅仅是体验一种经历而已,并没有让他获得更多益处。"我除了流泪没有任何快乐,"奥古斯丁说,"因为我心中对于挚友的爱已被泪水取代。"[29] 奥古斯丁似乎把自己对故友的悲痛与他喜欢的戏剧里的虚假悲痛进行了比较。"我泪水流得越多,从戏剧中得到的快乐也就越多,它对我的吸引力也就越大。"[30] 他为哭而哭,是为了从痛苦中获得满足感而哭,而非为朋友而哭。

好学体现在安布罗斯身上,他独自一人待在书房内,沉浸在阅读之中;而猎奇则似乎总是出现于人群之中。阿利庇乌斯被所谓的朋友拽着去看角斗士表演,奥古斯丁被同伴拉去看斗鸡,这些带来不良影响的人,类似于奥古斯丁的世界里其他的有害群体。我们不妨想想和奥古斯丁一起毫无理由地去偷邻居家梨子的那帮朋友。[31] 奥古斯丁自己也不清楚偷梨的动机究竟是什么,梨子不好吃,他也不饿。但他知道,若独自一人,他肯定不会去偷梨。

正如喜欢猎奇者为体验而体验,为感觉而感觉,他们仅仅是因为某件事能做,所以就去做了,奥古斯丁便是因为

第二章 失而复得的学习

能偷梨，所以就去偷了。他被自己的行动所吸引，仅仅是因为他在行动，仿佛这行动本身就是目的。这种迷恋就像蹒跚学步的孩子感到的自豪——"我自己能走了！"——只不过那行动并非什么创举，所以其实并无迷恋的正当理由。蹒跚学步的孩子可以陶醉于走动，陶醉于成长，陶醉于一个又一个阶段性的进步。"独自"爬楼梯成千上万次就没什么好陶醉的了。如果能从中受益，独自一人做事就是很好的，否则就没多大意义。

为行动而行动，为体验而体验，我们陶醉其中不能自拔，这就是猎奇的本质。这种认识能帮助我们解开先前的谜团。在本书的开头，我描述了某些行为在目标受挫之后造成的一系列无意义后果：我准备去游泳，到了那里却发现游泳馆已经关门。现在，想象一下这样的事情一而再再而三地出现，而且是故意这样做的：我反复穿上鞋子、拿上钥匙，开车前往游泳池却发现大门紧闭。这该怎么解释呢？我猜，我之所以一直这样做，原因就在于我喜欢穿鞋子和拿钥匙等动作，也就是说，因为我做出的这些动作本身。这样的行为方式显然是病态的：既然去不了游泳馆，那就该去做其他事。但是，当我们工作起来没完没了，被困在忙碌的自我中时，我们的确会做类似之事。我们为赚钱而工作，这将促使我们不停地继续工作。为赚更多的钱，我们工作越来越卖力，而工作越多，花在其他方面的时间也就越少。

为工作而工作是毫无意义的,我们应该从中收获更多东西。但是,我们不会觉得工作没有意义,因为我们对自己的行为和经历感到兴奋和激动。这种特征也是我们对控制狂的描述:我必须自己煮咖啡,不是因为我做得更好,而是因为我着迷于自己煮咖啡的动作,着迷于自己做事的方式,仅仅因为这些动作与方式属于我自己。

我们被困在事物的表面时,往往会把实现目标的手段与目标本身混为一谈。我们工作是为了获得幸福的生活,而不是为了工作本身;我们去游泳馆是为了游泳,而不是为了前往游泳馆的过程;我们自己煮咖啡是为了有咖啡可以喝,让别人帮忙为我们煮咖啡或许更好。

在《神曲·地狱篇》中,但丁遇到了尤利西斯,尤利西斯向他讲述了自己的最后一次航行。从特洛伊返回家乡后,尤利西斯再次出发,将余生献给了航行,后来死在遥远的海角天涯。[32]尤利西斯被罚入地狱的深处,这可能令人感到困惑,但是,我们回顾一下他的怪异选择就明白其中的缘故了。据荷马的《奥德赛》的描述,尤利西斯返回家乡的漫长旅程虽然既有趣又了不起,但同时也可以是成长的契机:治愈战争的创伤,为归乡做准备,寻求一种智慧。这些便是他归家旅程的好处:成长、疗伤、理解,以及敬畏比自己更伟大的事物——而非为体验而体验。对于尤利西斯而言,抛下妻儿和年迈的父亲再度出海航行十分疯狂,除了获得一种体验之外，并无太多意义。因为留给感官的时间是有限的，所以尤利西斯呼呼他的手下去探索天涯海角之外的新奇之地，甚至为了阅历而不惜献出性命。[33]尤利西斯在出航过程中的努力和领导都是由猎奇驱动的。虽然奇观有助于提出问题，有助于打开各种形式的探索，也有助于敬畏超越自我之物，但它并非目标本身。为了感受事物表面所带来的些许兴奋和激动，他不惜抛弃家人，死在遥远的异国他乡。

如果行为得当，我们应该拥有比这更多的收获，取得更大的成就。我们不再痴迷于剧场里的故事人为诱发的伤心流泪，而是专注于获得人生智慧；不再寻求与另外一人的肉体亲密接触的快感，不再为亲友的离世悲痛万分，而是获得感恩的心和重新找到人生目标。这是人类应该做的事，一切进展顺利时就理当如此。只有珍惜超乎纯粹体验的东西，我们才能在凝视一条波澜壮阔的大河与目不转睛地盯着不断切换频道的电视屏幕之间做出区分。

还有一层神秘之处在于人群、帮派、兄弟会等所扮演的角色，对奥古斯丁来说，要是没有它们，实现目标的手段和事物的表面就不会迷住我们。这就好像我们为了行动本身而喜欢行动的原因与他人的猎奇是密不可分的。一帮孩子里的每个人都偷梨，同时也欣赏他人偷梨的场景。损友们在观看角斗士表演时兴奋地狂欢与尖叫，也喜欢拉上别人一起狂欢。我们想用自己的方式煮咖啡，也想让别人知道这一点。

甚至连我们独自不停地更换频道——当然也包括上瘾性地使用各种社交媒体——都体现出我们对交流的神经质渴望。我们想**与他人**的交流停留在表面上。

在为行动而行动和痴迷于猎奇这些极其浅薄的层面上，人是不可能成长的。那里只有没完没了的、反复出现的体验，而且兴奋和刺激越来越小。我们感到空虚和缺乏满足感，这表明我们其实还没有得到任何益处，也没有与周围人建立起真正的纽带。这种不满足感表明我们渴望得到真正的益处，渴望与他人建立起真正而深入的联系，而非仅仅停留在事物的表面。

严肃认真的美德

关注重要之事。

——雅典的梭伦

奥古斯丁比较了"curiosus"与"studiosus"的异同。[34] 学者们将前者译为"好奇"，将后者译为"好学"，但我认为这容易产生误导。对我们而言，"好奇者"似乎是自发喜欢学习的，是自由的，而"好学者"则是追求成就的家伙，令人厌烦。但是，现在我们知道，那些受猎奇支配的人更类似于痴迷暴力游戏的人。我们可能会猜测，严肃认真的人是像奥古斯丁一样，追求更美好、更真实、更深刻的东西。

按照我的理解，严肃认真的美德就是渴望探索何为最重要之事，追根究底，咬定青山不放松。而猎奇者则浮光掠影，仅仅满足于形象与感受。严肃认真者寻求更深刻的东西，探索的范围更广，追求真相。严肃认真就是要深入思考自己的不满，辨别好坏，区分可能与不可能。严肃认真者渴望的是对自己来说最好的、最真实的东西。

千万不要误解猎奇者和严肃认真者的区别。严肃认真者并非眉头紧锁、不苟言笑的老古板，甚至不像以前探索真理的人那样摆出夸张的架势。法国哲学家雅克·马里坦在索邦大学的第一年就遇到了他未来的妻子拉伊萨。他们约定，如果在一年之内找不到生命的意义就双双自杀。（幸运的是，他们如期找到了生命的意义，都活了下来。）[35] 严肃认真并不是无时无刻不牢记自己肩负世界的重担，而是专注于最重要之事，将自己的心思主要放在真正要紧之事上。严肃认真是呼吁健康地保持基本的理智，而非敦促人们过于一本正经。

想要理解严肃认真的美德，我们就得理解其根本性的不安。如果我们回顾一下当年奥古斯丁沉溺于摩尼教的那个时刻，我们或许能看到一些被我们匆匆忽略之事。奥古斯丁有个情妇，但他心里没有任何良心上的不安。他可以轻易地抛弃她，转而去和能够帮助他在事业上取得成功的女人结婚，因为他知道，他的肉体有它自己的思想，是上帝所赋予他的理性碎片无法控制的。他觉得自己具备只有少数人才了解的高深知识，这种感觉以及他在辩论中取得的胜利满足了他的骄傲；详尽的宇宙神话则满足了他猎奇的心理。他的满足感似乎是全方位的，诸事顺遂，一切如愿。既然如此，他为何要逃离这一切？

在宇宙神话与他了解的宇宙真相之间出现了不一致，这些差异成了他的解放者。但是，为什么说这些差异解放了奥古斯丁，使其获得了自由呢？他大可保留妻妾，事业蒸蒸日上，继续享受鹤立鸡群的优越感，只需简单地调整一下自己的世界观即可。但是对他而言，追求真理的欲望似乎才是根本。他的其他追求之所以让他感到满足，就是因为它们都建立在看似真实的某种基础之上。一旦摩尼教的世界观站不住脚，他的满足感也就随之渐渐消失了。他再也无法为其性剥削找到借口，而他在辩论中的胜利则建立在彻头彻尾的谎言之上，结果证明那只是表面上的成功。他不仅失去了一个信仰或者一系列信仰，还失去了根本导向，而正是这种根本导向在引导他理解自己的渴望和目标并确定其优先顺序。猎奇似乎满足了对真理的热爱；但是，如果奇观不再可信，就像剧场演出搞砸了一样，那么现实就会登时显现。

按照奥古斯丁的说法，人类的终极欲望既非真理也非任何古老的快乐，而是真理中的快乐。[36] 既然上帝即真理，那么我们的快乐就在上帝之中。我们都渴望快乐，我们也都知道我们有这样的渴望。但是，我们并非都从心底追求真理中的快乐，我们并非都信仰上帝。我们从荣耀或权力、欢愉或迷信中寻求快乐，而不是在那些能够令我们蓬勃发展的事物中。

当奥古斯丁说幸福就是真理中的快乐时，他指的未必是有关事实的简单真理，而是有关最重要之事的真理。依靠一堆事实——比如有关鲸的事实或棒球发展史的事实——来触及真理（上帝）可能是困难的。要想成功得到幸福，就要有追求真理的渴望，尤其是有关人生的真理，有关最重要之事的真理。因此，严肃认真的美德似乎与好学以及渴望幸福密切相关。

最终，奥古斯丁对学习的热爱胜过了一切。这不仅改变了他与女性相处的方式，也改变了他对待曾经热衷于参与的功名利禄之争的方式。好学并不是众多欲望中的一个，而是一种整合性力量，是实现圆满的源头。他的满足感不再是杂乱排布的，而是井然有序的。他的猎奇心理引导他产生了疑惑，他对荣耀以及地位的热爱则已经内化为一种个人理想，即认识和理解上帝，成为上帝的选民。真理既颠覆了奥古斯丁作为摩尼教徒的人生，也为他作为基督徒的人生提供了框架。就好像一个部分的改变就使得其他所有部分也变得有条不紊了。

假设上帝不存在，因此追求真理不会带领我们接近上帝。或者假设上帝不善良，因此真理也不会带给我们快乐。假设真相是我们正在一座熔岩岛上漂浮着，我们关心的一切随时都可能熔化得不见踪影。哲学家们有时会设想，比起这种情况，他们宁愿选择生活在幻想之中。遁入幻想中的生活，沉溺于虚拟世界中的生活（一切都按照我们的想法运转），或许是切实可行的选择，是一种疗愈的形式，或者是应对难以忍受的残酷现实的方式。但我敢保证，它不能为人类提供一种人人都渴望的生活。即便在想象中，我们也不会把这种生活视为光荣的或令人羡慕的生活。在内心深处，我们希望自己**真正成为**某种人，而并非仅是在自己看来似乎成为那种人。虚拟生活是没有深度的生活，是流于表面的生活，在这种生活中，我们或许可以重温角斗士表演和专心观看角斗士表演所带来的快感——由于不会有人真正被杀害，我们享受快乐时就更心安理得了。

如果我们真的如此热爱真理，如果我们的幸福在于从真理中获得快乐，那么我们为何感觉不到幸福呢？为何只有表面上的东西吸引我们呢？奥古斯丁指出，我们不愿意正视自我的真相。获得真理的代价当然看上去令人望而却步。我曾问过我的一名学生，他们为何在聚会上宁愿埋头看手机也不愿意彼此交谈，他说："不与人交谈多轻松啊！"与人打交道就会有风险，想要从中得到真正的满足，就难免要以长久的苦痛作为代价。

真理会带来苦痛，这也解释了我们为何丧失了从真理中获得快乐。我们严肃认真地寻求美好生活，也确实发现了何谓美好生活，但是，我们依旧深陷忙碌的倦怠之中，为行动而行动，为体验而体验。古代僧侣称此种情形为"acedia"，该词在英文中一般译为"sloth"（懒惰），但此种译法掩盖了如下事实：其最常见的表现与其说是懒洋洋地躺在沙发上什么事也不做，倒不如说是多动症。[37] 我们丧失了从真理获得快乐，不再将关注的焦点集中在最重要之事上。但是，正如托马斯·阿奎那在讨论"acedia"时指出的那样，"没人能长期忍受悲伤，而没有任何快乐的日子"，因此，我们从伤心事中抽身，到别处寻找快乐。[38] 我们陷入对奇观的追求，无论是我们亲手缔造的奇观，还是坐在舒适摇椅里观看的电视里的奇观。我们需要重新关注自己最在乎的事情：学习的目的、服务的目的或者崇拜的目的。简单有效的活动，如编织、做饭、劈柴、坚持不懈地履行自己的日常生活义务，可以让我们重新适应真实世界平常的沉重打击。

我们发现，奥古斯丁所说的严肃认真的美德对我们理解智识生活具有重要价值。如上所述，智识生活涉及一个方向——它不断将我们引向远方，直至无法继续向前。我们不断努力，最终要么是在上帝那里结束，要么是陷入没有上帝的深渊。根据奥古斯丁的说法，他本人以及下文将提到的马尔科姆·爱克斯和小说中虚构的莉拉·赛鲁罗，都不可避免地被引向远方——认识更多的现实，变得更深刻，拥有更强的理解力。事实证明，严肃认真的美德，好学的习惯，是由对最重要之事的渴望决定的。

如果我们拥有像奥古斯丁一样的信心，相信我们追求真理的渴望与终极幸福并无冲突，那么对我们最重要的事将让我们蓬勃发展。这是因为上帝是真理与善的来源，是求知欲和追求幸福的欲望的最终归宿。但是，非常奇怪的是，就算我们身临上帝缺席的深渊边缘，我们同样能有所收获。

即使身处深渊边缘，友谊也能迅速升温。我举的例子取自意大利作家埃莱娜·费兰特的《那不勒斯四部曲》。《忏悔录》向我们展示了在哲学领域追求真理的探索所带来的蜕变修炼，《那不勒斯四部曲》则通过艺术作品和施展创造力来追求真实的深度修炼。艺术当然也能以虔诚的形式蓬勃发展，而哲学同样能在深渊的边缘获得丰收，但我相信读者自己就能理解这些。

依靠艺术品获得救赎

> 因为诗无济于事：它永生于
> 它词句的谷中，而官吏绝不到
> 那里去干预；"孤立"和热闹的"悲伤"

> 本是我们信赖并死守的粗野的城，
> 它就从这片牧场流向南方；它存在着，
> 是现象的一种方式，是一个出口。
>
> ——W.H.奥登，《悼念叶芝》

埃莱娜·费兰特的《那不勒斯四部曲》内容广泛，思想深刻，部分内容是对智识生活和勃勃雄心之间关系的反思：一边是对学习的热爱，另一边是对提高社会地位的渴求。故事发生在战后十分贫困的那不勒斯古城，这是一座充满凄凉与暴力的后工业化城市，人性在社区遭到的贬低让人难以忍受，其背后的原因也一直未明。依靠教育系统逃离这座城市的道路也贬损了人性，成为一种飞向浅薄和提升自己地位的尝试。但是，在我看来，在两位主人公之间友谊的滋养下，在她们通过共同的创造性活动和艺术活动付出的努力下，好学的行为就像一团静静燃烧的火焰幸存下来。它的美好之处在那充满暴力、混乱不堪以及人情冷漠的社会中幸存了下来。

小说的叙述者（埃莱娜·格雷科，通常简称为莱诺）讲述了在贫困且受暴力困扰的那不勒斯街区长大的经历。她和朋友莉拉·赛鲁罗在学校里的成绩都非常出色。埃莱娜学业优秀，离开所在街区外出求学，后获准留校，再后来与一位中产阶级教授结婚，并成长为著名作家和小说家。莉拉虽然在埃莱娜看来更有天赋，更聪明，却在上了五年级之后就辍学了，并在十几岁时就匆匆结婚，嫁给她们社区附近一个有暴力倾向的街头混混，成了他的私有财产，受尽折磨。莉拉逃到了一个制作香肠的工厂打工，在那里几乎同样危险，人格尊严遭到践踏。她再次逃出，又返回老家创办一家技术企业。两位女性的人生轨迹截然不同，其分岔口与交会点提供了丰富的启发性例子，充分展现出社会上的野心与智识生活是如何交叉的。

小说一开始就介绍了主人公所在街区的学校，那里进行着权力与地位的激烈争夺，可以说是另外一种形式的街头斗殴。在小说第一部中，最早的场景之一是不同班级之间每半年一次的比赛，用来决出哪些师生最优秀。埃莱娜和莉拉的老师奥利维耶罗很喜欢这种比赛。"我们的老师永远与她的同事有冲突或矛盾，有时候几乎就要拳脚相向，她常常要用莉拉和我来证明她作为老师是多么优秀。"[39] 在那所学校，学生之间的竞争异常紧张和激烈，这种竞争贯穿于四部小说中的主要角色之间，这些角色的生活紧密地交织在一起。他们分别为：莉拉、莱诺、尼诺、恩佐以及阿方索·卡拉奇。小说的高潮是莉拉历尽艰辛获得了决定性胜利，此后男生与女生之间进行了投石大战，莉拉和恩佐在这场投石大战中都受了伤。

莱诺没有表现出热衷于暴力的冲动——她更愿意以金

色鬈发和甜美的外表示人——但她总是赢家。她与其说是一位街头斗士，倒不如说是热衷于跻身上流社会的人。事实上，在小说中，乍一看她似乎只是求胜心切，觊觎更高的地位，却没有发自内心的对智识的追求。在《那不勒斯四部曲》的前两部里，她从未描述过自己在漫长的求学生涯中认真思考过哪怕一个根本问题，也从未为某个重大发现而感到敬畏和颤抖。她智力过人，成绩非凡，但并没有显示出对学习的热爱。在小说中，莱诺令读者关注的都是她的优异表现，如在学校的每门科目的每次成绩、老师对她的每次关注与表扬，以及她与最接近的竞争者的每一次较量。她的成绩排名清晰地反映了她的幸福感。

> 两次考试我都考了最高分 10 分；莉拉以多个 9 分和算术 8 分的成绩拿到毕业证书。

> 那是令人绝望的日子……阿方索·卡拉奇以平均 8 分的成绩升级，吉耀拉·斯帕纽洛以平均 7 分的成绩升级，而我是拉丁语 4 分，其他全部是 6 分。
> 中学毕业时，我以意大利语和拉丁语 9 分、其他科目 8 分的成绩通过考试。我的成绩最好，好过平均分为 8 分的阿方索，比吉诺好得多。

> 在那段时间里,我觉得自己很强大。在学校里,我表现完美,我把我的成功告诉了奥利维耶罗老师,她对我大加赞赏。
>
> 我以所有科目都是9分的成绩通过了期末考试。
>
> 我以所有科目都是10分的成绩升入高三。[40]

莱诺离开当地学校,升入高中,并上了大学,她对学习成绩以及互相竞争的兴趣丧失殆尽,相反,她开始关心如何保持良好的形象,确保说出的每句话都恰当得体。学习成绩排名让位于更进一步的社会地位差异。莱诺是地位低下的贫困社区的优等生,这个身份成了她爬上更广泛的社会等级体系更高阶层的开端。在《那不勒斯四部曲》的第二部以及第三部中,读者可以看到莱诺如何依靠娴熟的空谈技能在社会阶梯上步步高升。这似乎与莱诺对尼诺·萨拉托雷的爱密切相关。尼诺·萨拉托雷与莱诺从小便相识,也是个急于在社会中往上爬的人(后来证明,他还是一名性侵者)。一方面,尼诺是一个纯粹以提高社会地位为动力的知识分子,讨好巴结任何可能提拔他的人。另一方面,他也是唯一真正逃离那不勒斯街区的人。

莱诺的下一个教育阶段赶上了20世纪60年代的环

境，高级知识分子关注的焦点具有压倒性的政治色彩。在莉拉的婚礼上，尼诺在与莱诺交谈时向她发表了一番空洞的政治演讲，说这能够帮助他们两个摆脱贫困。尼诺的演讲体现了贯穿全书的辛辣讽刺：他谈的是贫困问题，强调应该抛弃"泛泛而谈"，转而对问题和解决方法进行具体的讨论。最后，他抨击了文学，指责研究和创作小说，声称这与劳动人民关心的事情毫不相干。"莱诺，骑士小说那么多，才造就一个堂吉诃德；我无意冒犯堂吉诃德，但在那不勒斯这里，我们无须跃马持枪大战风车，那不过是徒劳无功的勇敢罢了。我们需要的是知道风车如何运转，能让风车运转起来的人。"[41]

当时，莱诺被这番话迷倒了，折服于尼诺的聪明和雄辩口才。但是，随着小说的情节逐步展开，尼诺显然是说反了：恰恰是政治积极分子专注于文字游戏，反而是小说家找到人生的意义以及希望的寄托。

野心与艺术品

> 古代哲学家们想象了智者在极乐岛上的生活会是什么样子，他们将无忧无虑，无须为日常生活必需品奔波，把所有时间都用来学习和探索自然的本质，别无他事。另一方面，我们不仅看到他们在享受幸福生活的愉

悦，也看到他们在遭遇不幸时获得慰藉。因此，很多人即便落在敌人或者暴君的手中遭受折磨，即便身陷囹圄，即便亡命天涯，也仍然能够依靠好学而抚平悲伤。

——西塞罗，《论至善和至恶》，H. 拉克姆英译

这些小说中的智识生活是否超越了街头斗殴或者装腔作势？归根到底，莱诺与读者都是通过她的朋友莉拉获得了另外一个视角，看到了智识生活的更深层价值。较早时，莉拉似乎与莱诺一样，也在进行激烈竞争，也在追求更高的社会地位。但是，莉拉在辍学后开始专注于赚钱，想以此摆脱贫困。她转而开始做鞋子，希望依靠卖鞋养家。然而，莉拉的制鞋生意被她的父亲、哥哥、追求者以及贸易商接了过去；莉拉转而让自己变得更美，以便嫁给生意兴隆的杂货店老板斯特凡诺·卡拉奇，摆脱贫困，逃离追求她的黑手党恶棍马尔切洛·索拉拉的纠缠。让莉拉在竞争中获得成功的这种新模式遭到了学校老师奥利维耶罗的无情批评："赛鲁罗从小就拥有的心灵之美没有找到出口，格雷科，最终她的美都会呈现在她的面庞、胸脯、大腿、屁股等处，但维持不了多久就会消失，就好像她从来都不是美人坯子一般。"[42] 这一切都表明，对于莉拉与莱诺而言，学校与智识生活不过是摆脱贫困、羞辱、无力感的方式，是在生意成功或者嫁个理想老公之外可以找到的另一条出路。

但是，只把莉拉描绘成一个热衷于竞争的奋斗者，为了向上爬而无所不用其极，这未免过于肤浅。相反，在莱诺看来，莉拉身上有着自发的活力和浓烈兴趣的源泉：本来沉闷的言语、无聊的事情因为莉拉的出现而变得有趣、熠熠生辉起来，而且她生活在真正的现实世界，这是其他角色难以企及的。莱诺有时觉得自己能够参与莉拉的自发创作与思考活动。在《那不勒斯四部曲》第一部《我的天才女友》的开头，她和莉拉买了一本《小妇人》：

> 那本书一拿到手，我们就开始相约在院子里读起来，要么肩并肩默读，要么大声朗读。我们连续读了好几个月，而且读了好多遍，以致书都变得破烂不堪，汗渍斑斑，书脊脱落，装订线断裂，书都散了架。可这是我们的书，我们深深爱着它。[43]

围绕阅读《小妇人》这本书，两个女孩组成的这个智识共同体在生命中就像一座享受思考的快乐孤岛。就莱诺来说，这还是给别人留下深刻印象的手段和组织语言的教程。莱诺相信，这一切的源头皆来自莉拉，光靠她自己是不会接触到这些的。

莱诺和莉拉一起读书，一起学习。她们同时也在反思自己所在的社区。街头恶棍堂·阿奇勒不久前被杀，她们一直在关注这件事,并且设想,要是受害者的儿子和凶手的女儿结了婚,两家会不会和好,是否可以消弭这个社区的仇恨:"我们讨论过这个问题,我们当时 12 岁,走在社区那些热闹的大街上,偶尔有卡车经过,在空中留下大片灰尘和苍蝇,我们边走边谈,就像是两位老太太商讨如何采取措施应对令人失望的生活一样。"[44] 莱诺将这种想象中有关社区冲突的讨论描述为"游戏",将其视为一种重塑周围环境使其变得可以忍受的方式。这是上帝般的举动,是实现再造或者救赎的一种尝试。

莉拉的天赋才华在其私人笔记中得到了最充分的展示。根据莱诺的描述,莉拉的笔记本里描述了树木和树叶、工具及其零部件、建筑物,以及"最重要的——各种颜色",此外还有一些词语、想法以及她对此前生活琐事的叙述。[45] 当莉拉将笔记本交给莱诺保管时,莱诺对之痴迷不已,反复阅读,甚至背下一些内容,随后把笔记本扔进河里,将其摧毁。笔记本与令莱诺痴迷不已的空洞政治言论截然相反,里面的内容本身毫无用处,不过是一些发人深省的想法与思考,而且因为它们已被破坏与摧毁,这些内容的无用性就越发显著了。笔记本里的那些思考虽然产生不了任何效果,但其蕴含的美和灵感时时刻刻都在感染着莱诺。

莉拉的独特魅力就在于她为自己而活,在于她那神圣的无用性。这一点直到《那不勒斯四部曲》临近结尾时才显现出来。在小说中，尼诺这个角色显然是纯粹职业性的、努力奋斗的知识分子的代表。莱诺反思了莉拉究竟为什么能够在尼诺的眼中具有如此特别的迷人魅力。莱诺意识到，尼诺追求的其他女性都能为其带来事业上的好处，唯独他对莉拉的爱慕给他带来悲伤与社交挫败。莱诺因而得以阐明莉拉对于他人所具有的重要意义：

> 莉拉天资聪慧，却不好好地加以利用，相反，她白白地浪费掉这些天赋，就像一位大家闺秀，世界上的所有财富在她看来都不过是俗不可耐的铜臭。肯定是这个事实迷住尼诺的：莉拉天资聪慧，却没有从中获得任何报偿。**她之所以鹤立鸡群，就是因为她天生不屈从于任何训练、用途或目标**。我们所有人都屈服了，我们的屈服通过种种尝试、失败或者成功使我们沦为渺小、堕落的可怜虫。唯有莉拉不为所动，似乎没有任何东西或任何人能让莉拉屈服。[46]

莉拉主要是为自己而活，这一点在她运用聪明才智时展示得尤为明显，而她的这种形象在《那不勒斯四部曲》的最后几页再次出现。我们看到莉拉漫步于那不勒斯的大街上，她在写一本关于这座城市及其历史的皇皇巨著，一本不会有人读到的巨著。莉拉写下的所有文字都消失了：她的笔记本被莱诺扔进了河里，童年时写的小说《蓝色仙女》被她自己丢进火炉里烧掉了，有关那不勒斯的绝笔也将随着她的消失而消失。相反，莱诺的每一本书都提升了她的地位，让她进入公众的视野，虽然人们对其作品褒贬不一。

因此，真正的好学在小说中也有其黑暗面。莉拉竭力追求美与理解，寻求用文字与形象来表达自我。她是一位艺术家，甚至是位伟大的艺术家，但是其作品从未被世人看见过或阅读过。对此，我们应该会感到些许诧异。莉拉的艺术没有产生任何用处就被毁灭了，因此可以肯定她的艺术毫无社会用途，但这种纯粹似乎无法带来成果，仅仅局限在个人身上。

莉拉非常担心自己的作品被公之于众，这与莱诺正好相反：莱诺经常利用公共媒体，一门心思地给他人留下印象。但是，这种差异也在提醒我们，两位女性也有其他截然相反的冲动：莱诺会体验性快感，而莉拉则不会；莱诺享受生孩子，而莉拉却对生孩子感到抗拒和恐惧。按照长久以来的传统看法，艺术创作就是一种生产，一种繁衍，是对不朽的追求。虽然莱诺满脑子都在追求地位，但她能够把握艺术本质的这个方面，莉拉则没有这个本事。艺术似乎既需要莉拉那种自发的沉思火花，也需要莱诺那种在社会上出人头地的野心和成为众人关注焦点的迫切渴望。

艺术可能既需要纯粹的沉思冥想，也需要提升社会地位的野心,这个想法应该引导我们重新审视莱诺的性格特征。当然,正是通过莱诺的叙述,我们才了解到提升社会地位是她背后的驱动力,尤其是在她将自己与真正过着纯粹智识生活的莉拉进行对比之时。莱诺的叙述并不可靠:她贬低了自己,也将莉拉理想化了。事实上,我们并不确定那个无用的、隐蔽的、纯粹为自己而活的莉拉是否真的存在,也不能确定莉拉是不是埃莱娜因为讨厌自己而在心中幻想出来的人物。

莱诺从一个世界进入了另一个世界,从一个被暴力蹂躏的贫困街区搬到了舒适的中产阶级世界,人们倾向于用话语而不是拳头来解决问题。因此,莱诺总觉得别人都是货真价实的,而自己却是徒有其表。学术界将这种心态称为"冒充者综合征"——年轻研究生的特殊病症。这些研究生在入学之后坚信别人都有真才实学,唯有自己一窍不通,每一步都在滥竽充数。与其说他们真的是鱼目混珠,倒不如说是他们打心底里害怕名不副实,因为他们清楚,自己还不是努力想要挤入的那个社会阶层的一员。

有个标志体现出莱诺夸大了自己对外在的关注以及对更高社会地位的追求,那就是莱诺描述过自己曾独自阅读小说,她既没有跟任何人提起过,也没有通过小说达到过任何目的。[47]此外,她的第一本小说也是自发写作的产物,并非应他人之约而写。除了写过日记以及童年作品《蓝色仙女》

的莉拉之外,莱诺没有模仿小说中的任何人。莱诺的小说显然是她自己对生活的反思。我们只知道小说里面提到了她失去贞操的经过。这本书是莱诺花了20天写成的,她说在写完之后,她因被告知自己只能当一名小学教师却不能当教授而感受到的羞辱,从自己身上转移到了书里。[48] 这本书是她对自己的才华与地位遭到贬损所做的回应,这说明它其实源自莱诺不服输的竞争精神。但是,这部小说是自发的产物,以她自己的方式呈现,这表明莱诺已经不再只是被动回应导师的指示,而是积极主动地为自己开辟一个超越老师想象的新空间。

《那不勒斯四部曲》对艺术的本质及其重要性最清晰的描绘,是依靠莱诺而不是莉拉让我们看到的。艺术的目的是反思人类生活,并找到生活的意义:"构建活生生的内心。"在《那不勒斯四部曲》第三部的开篇,莱诺在书店的书架上看到了自己的第一部小说后,描述了小说创作对于她的意义:

> 我知道伟大的文学是什么,我在古典文学方面下了很大功夫,我在写作时,从来没有觉得我在创造什么价值。但是,努力寻找一种合适的表达方式令我全神贯注。这种投入最终变成了**那本书**,我在里面留下了自己的痕迹。现在,**我**就在那里,**毫无保留**。看着

书中的自己，我的心剧烈跳动。我觉得，不仅在我的书里，而且在任何一本小说当中，都存在着某些令我激动不已的东西，那是一颗赤裸的、悸动的心，这就像很久以前，当莉拉提议我们联手写一篇小说时，几乎要从我胸膛里跳出来的激动的心。这件事落在我的肩上，必须认真对待。但是，这就是我想要的吗？去写作？带着目的写作？写出比现在更好的作品？要研究过去与现在的小说，理解它们的内在机制，还要**去学习，学习有关世界的一切，唯一的目的就是构建活生生的内心**，在这方面，谁也比不上我，即使莉拉有机会也比不上我。[49]

由此，埃莱娜的文学目的清晰地展现出来：一部分是为了构建"活生生的内心"，一颗"赤裸的、悸动的心"——这颗心最终被证明是莱诺自己的心，是她在书中的自我。这就要求学习"有关世界的一切"，也就是她和莉拉在孩提时代的沉思，那时她们就像老妇人一样谈论自己街区的人，并竭力探索关于她们的真相。竞争在这种沉思中发挥了核心作用，莱诺的宣言"谁也比不上我"，呼应了莉拉在婚礼前的说法，即莱诺肯定"比其他所有人都优秀，无论是男生还是女生"。[50]

写自己的生活，描绘一颗"悸动的心"，这是什么样的智识活动呢？这是将零碎的体验集合起来变成一行行的叙事文字。它是对一个人的热爱、欲望、希望、野心和行为动机的记载。在上面的文字中，莱诺将其描述为她自己的心，但是在由她叙述的《那不勒斯四部曲》中，她肯定也试图描述莉拉的心，并以某种方式捕捉她们相互之间的爱。

很显然，描绘一颗怦动的心也是在描绘"活生生的内心"，是一种让活着的、具体的生命免于消解与死亡的方式。这是一种寻求不朽真理的方式。《那不勒斯四部曲》的宇宙是空洞而混沌的，若用莉拉的话说，漫天星辰的夜空"不过是一片蓝色背景，上面随机点缀了若干玻璃碎片"[51]。对于莱诺在学校的神学论述，十多岁的莉拉做出了怒不可遏的激烈回应：

> 你还在这些事上浪费时间，莱诺？我们正在从一个火球上方飞过。已经冷却的部分在岩浆上漂浮。我们就在那冷却的部分上面修建了房屋、桥梁和街道。每隔一段时间，岩浆都会从维苏威火山中喷涌而出，或引发地震，从而毁掉一切。到处都有使我们生病和死亡的各种微生物，还有连绵不断的战争，以及让我们都变得残忍的贫困。时时刻刻都可能发生一些让你痛苦不堪、泪流不止之事。[52]

莉拉认为，这个冷漠无情、暴力泛滥的世界产生了太多苦难。她的这种关注现实的世界观在书中没有遭到任何反对意见与之抗衡。潜伏在莱诺年轻时的神学观点背后的宗教在小说人物的生活中几乎完全不存在，只有在充当取得成就的另一种工具（比如上面这个例子）或者实现控制的另一种工具（比如莱诺的母亲指责她不在教堂举行婚礼）时才出现。只有文学对抗着冷漠、暴力的世界，捕捉了正在行动的活生生的人，反思着是什么在驱使他们活动、成功和痛苦。这种反思不是独自进行的，而是存在于友谊之中，存在于相互支持和相互吸引之中，存在于和他人一起进行的认识自我的探索之中。艺术创作需要合作。

在小说的结局，埃莱娜是否最终不再痴迷于向上爬的野心，开始创造出真正的、纯粹的艺术品；她是真诚地爱着莉拉，还是仅仅想消费和利用莉拉——对此，看完《那不勒斯四部曲》并善于思考的读者或许有不同的想法。在我看来，莱诺成功地克服了自己的两大缺点。若果真如此，我们可以将野心视为创造力的一部分——只是一部分，是真正艺术的引擎，是能够与他人分享的真正沉思式著作的催化剂。但是，这并不是想要忽略那些令埃莱娜或尼诺等书中角色对自己和世界产生幻想的方式。在《那不勒斯四部曲》的宇宙中，我们需要用对他人的真爱以及真正的友谊才能战胜野心的破坏性力量，才能从中获得仅有的安慰和救赎。

奥古斯丁克服了他对学习的虚假热爱，克服了猎奇驱动的野心，这要归功于他的阅读训练和对真理的渴望。他时常受到一种冲动的困扰，他逐渐学会将这种冲动表达出来：他应该让真理来安排他的生活，这是他的最高目的，也是他实现理想的条件。埃莱娜·格雷科将她极具竞争性的野心、向他人显示自我本色的欲望以及观察世界和备受瞩目的欲望，与基于沉思的友谊、对超越实际用途的学习之美的渴望融合起来。我们探究了两种方式，好学可以通过它们克服对智性的滥用：野心、自欺欺人，或者运用头脑来创造抚慰人心或激动人心的奇观。好学成为一件极其严肃的事情，可以改变人生的事情，我们最高的抱负——认识人性，热爱人性，促进人性的全面发展——便来自它。

第三章 无用之用

在所有的人中，只有那些在空闲之时愿意花时间寻求智慧的人，才算真正活着，因为他们不满足于仅仅照看好自己的人生。他们将每个时代都据为己有，将所有逝去的岁月都拿来变成仓库里新增的宝藏。除非我们是忘恩负义之徒，否则我们就应该承认，所有那些人——神圣思想的光荣创造者，都是为我们而生的，因为他们已经为我们铺好了人生之路。通过他人的劳动，我们被引领见证了最美的事物冲破黑暗，步入光明。没有哪个年代的大门在我们眼前关闭，我们可以进入任何时代，如果愿意的话，我们能在伟大灵魂的带领下超越人性弱点的狭隘局限性，在漫长的时间跨度内徜徉漫游。我们可以与苏格拉底争论，可以向卡涅阿德斯提出疑问，可以与伊壁鸠鲁寻求内心的安宁，可以与斯多亚学派一起克服人性的弱点，可以与犬儒学派一起超越人性的束缚。既然事物的本质允许我们与每个时代都建立关系，那为何我们不从微不足道、稍纵即逝的短暂时光中抽身而去，让我们的灵魂匍匐在先哲的脚下，投入无边无际的永恒过去呢？

——塞涅卡，《论生命之短暂》，约翰·W. 巴索尔英译（有修改）

积极生活的诱惑

我已尝试着描述，学习的腐化堕落是热爱金钱和渴望取得社会成功造成的。我留在最后才提出的最难情况是：政治和政治目标导致学习堕落。困难的源头在于政治以两种独特的方式与学习相遇，并且两者经常交织在一起。当智识生活被引向追求金钱和获得社会地位之时，学术机构便倾向于建立或维持社会等级制度，或者用时髦的说法，即所谓的"权力结构"。人们自然会断定，应该用相同的做法和机构来消除或改造这些等级制度，从内部来抗衡其不公正的以及排他的力量。因此，我们发现了政治遭遇智识生活的第一种方式：试图消除其腐化堕落之弊，并恢复某些普遍的人性。不过，用智识生活来争取社会的公平正义会产生适得其反的影响。

如果我们尝试以自上而下的方式推动产生公平正义的结果，我们将削弱读者和作者的交流，扼杀平等的学习共同体，比如 W. E. B. 杜波依斯依靠读书和学习发现的那种共同体。更加糟糕的是，对公平正义的渴望会被简化为一整套使用语言或表达观点的规则。那些被认定能促进公平正义的"正确"用语沦为了保护另一种等级制度的把关的工具，这种等级制度与引发这场革命的等级制度并无多大不同。它不仅令社会的公平正义无足轻重，而且完全掏空了它的内容，被用来实现与其宣扬的目标正好相悖的目的。

然而，过于反对智识生活的政治化也可能会掩盖某些关键要素。作为哲学专业的研究生，我一直被觉得哲学无用的想法所困扰。苦难深重的世界呼唤着人们前来兴利除弊。我们怎么能选择智识生活而非行动生活呢？如果不做出实际行动意味着失去拯救生命和生活的机会，我们怎么能把时间用于沉思冥想呢？甚至更重要的是，我们怎么能证明思想活动是生活的核心，而非仅仅是众多有趣的爱好之一？

因为在我们共同的文化中，智识生活与迷恋金钱以及在社会中向上爬的野心混在一起，也与政治混在一起，所以沉思冥想的生活与行动生活或者献身政治服务的生活之间的差别变得模糊不清了。为学习而学习本来一直是20世纪英美思想文化的关键组成部分，塑造并表达了平等主义理想，但它渐渐地被替换成为社会效用而学习，为"促成改变"而学习了。

如果没有争取公平正义的工作，如果没有为人类幸福生活的物质形式付出的努力，我们的社会共同体就无法正常运转，正是这些物质条件让休闲、学习、艺术和社团活动等人类生活中的更高利益成为可能。没有人会过一种没有任何实际任务的生活。有人会发现,如果在短暂的休息间隙,或者在工作一天之后的闲暇时刻,断断续续地享受智识生活的乐趣,自己的生活会更加令人满意。当然,为社会服务的某些实际工作,需要从业者接受一定程度的专业训练,因此,教育机构里面专门开设了一些为专业人士提供职业培训的课程。但是,我们必须抵制职业培训完全征服和占领整个高等教育事业的势头,以及这种占领所带来的智识生活的普遍退化。

然而,促使我离开研究生时代前程似锦的舒适生活的是苦难深重的世界的画面,许多人是在某个时刻体验过这样的画面带来的震撼,这些画面具有特别的启示意义。它揭露了形形色色令人舒服的虚假谎言和毫无意义的任务。它把书变成了毫无价值的垃圾,令声望显赫的职位的报酬变成了内疚和厌倦。理当如此。当然,我们的工作应该服务于人类的真正需要,但是,这种服务与具有破坏性和腐蚀性的行动主义形式是有差异的,尽管在实践中发现和揭示这一点可能非常困难。一个良好的开端是,识别出"有所作为"的愿望是如何被困在社会等级差异的结构或者利己主义奇观中动弹不得的。

费兰特论述政治抱负和野心

我们对社会利益的关注面临着某些危险。就像对学习的渴望或者对基本舒适的渴望一样,在我们的动机来源混乱不堪之时,这些关注可能会被扭曲,甚至失去价值。《那不勒斯四部曲》中的莱诺和莉拉再次为我们提供了关键的案例。

在《那不勒斯四部曲》中,谈论政治毫无用处,或者更准确地说,其用途主要是推动社会进步。书中有关政治的大多数讨论呈现为毫无意义的空谈,正如那些对推动社会进步和消除社会排斥没有任何效果的演讲一般,这样的交流与苦难深重的现实生活完全脱节。无论如何,那正是政治讨论在莱诺的生活中发挥的作用。莱诺是一个野心勃勃的女孩子,她渴望依靠学业成绩和在社会上飞黄腾达来摆脱贫穷家乡的束缚。莱诺高中的人生导师是加利亚尼教授,他送给她政治书籍(从来没有文学书),鼓励她阅读报纸。在这个时期,莱诺完全随意地广泛浏览,常常停在莉拉工作的杂货店旁边与其分享读书心得:

> 就在我大口大口地吃着三明治时,我能用标准的意大利语把我记住的加利亚尼教授的书中和报纸上的陈述清晰地表达出来。比如,我会提及"纳粹灭绝营的残酷现实";或者"人们过去能做什么,今天也能做

什么"；或者"核战争的威胁和维持世界和平的义务"；或者这样一个事实，即"由于人类发明的工具征服了自然力量，今天我们不知不觉陷入困境之中，人类工具的威力已经比自然力量更加令人担忧"；或者"我们需要一种能战胜和消除痛苦的文化"；或者这样一种观念，即"如果我们最终创建出一个人人平等、没有阶级之分而且对社会和生活有可靠科学认识的世界，到了这个时候，宗教将从人类的意识中消失"。[1]

莱诺将一些词语或措辞牢记在心，为的是讨好老师，并（在不合时宜地嚼着三明治之时）向老朋友展现高人一等的优越感。在这方面，莱诺对莉拉所做的最残忍之事是，把她带到在加利亚尼教授家开的派对上，却忽视其存在，就像她是个无足轻重的家庭主妇一般。这位从小就与她有着共同智识兴趣的朋友，被当成对社会毫无用处的、令人尴尬的穷亲戚一样嫌弃。

莉拉有自己的思想爱好，正因为如此，她也想参加派对，想去见识一下由于早年嫁给杂货店老板而无缘接触的上流世界。她残忍且准确地记下了她在派对现场目睹的一切，以此来回应埃莱娜对自己的侮辱。在派对结束后她的丈夫斯特凡诺来接她们回家时，她向丈夫这样描述派对上的精英人士：

斯特凡诺，如果你去那里的话，所看到的是一帮学舌的鹦鹉，叽叽喳喳说个不停。他们说的话你一句也听不懂，他们自己也不明白彼此所讲的话。……莱诺，你也一样，小心自己也变成跟着鹦鹉学舌的小鹦鹉。……你和萨拉托雷的儿子尼诺是一类人。**世界和平旅；我们拥有技术潜能；饥饿，战争**。不过，你在学校那么用功学习，真的就是要像他那样说话吗？**无论是谁找到解决问题的方法都是在为和平做贡献**。好！……你也是一样。你从我们家乡走出去就是想当玩偶，卖力地表演，只为成为那帮人的座上宾吗？你想留下我们坐以待毙，孤零零地挤破脑袋般艰难求生，而你们却在鹦鹉学舌般地高谈阔论着饥饿、战争、工人阶级、和平？[2]

莉拉之所以突然爆发，部分是因为她被派对上的社会精英人士排除在外的羞辱让她感到痛苦和愤怒。尽管如此，《那不勒斯四部曲》证实了她的论断：知识分子谈论政治只是为了自己飞黄腾达而已，而与他们一起长大的伙伴们依然在贫困和暴力之中挣扎求生。

政治言论筑起一堵语言的高墙，那是由强烈的竞争欲形成和强化的一整套观点："我是这种人而不是那种人。"这是一个人避免遭遇艰难且屈辱的社会现实的方法，这个人本来属于这个社会现实或者应该为此现实负责。此外，我把这个过程称为"观点化"(opinionization),我的意思是将思想和认知简化为简单口号或没有经过斟酌的立场表述,其背后的动机是恐惧、竞争和懒惰。

莱诺的野心取得了成功。依靠鹦鹉学舌般模仿听上去重要的政治话语和观点,她最终在大学毕业时赢得了出身中产阶级家庭的艾罗塔教授的青睐,并嫁给了这位大教授的儿子彼得罗。出于工具性动机,她选择与彼得罗订婚并结婚,此举对她的作家生涯起了重要作用。当她第一次见到彼得罗的家人时,她发现他们的说话措辞与加利亚尼教授和她在大学因政治而结识的朋友所使用的非常类似。父亲和女儿也会友好地争论:

> 争论如下:你们一直受困于阶级之间的合作,你将其称为陷阱,而我却称之为协调;在这样的协调中,天主教民主党总是赢得胜利,从没输过;中间偏左派的政治很艰难;如果觉得困难的话,就重投社会党;你不是在改造某个事物;站在我们的立场,你会做什么呢?革命,革命,只能不断革命。革命将把意大利带出中世纪;政府里若没有我们社会党,那些在学校里谈论性话题的学生就会被抓进监狱,还有那些散发宣扬和平的传单的学生也会如此;我想看看你如何对待《北大西洋公约》;我们总是反对战争,反对所有帝

国主义；你与天主教民主党人联合执政，但你会继续高举反美的旗帜吗？[3]

在埃莱娜的叙述中，这些随意的流行措辞被组成一连串对话；她将这些措辞描述为"温馨怡人"。虽然如此，这些话在她的描述中仍然单调乏味，空洞无物，就像她以前鹦鹉学舌般说给莉拉听的话语一样。她在与艾罗塔家人谈话时非常夸张地说："在轰炸了广岛和长崎之后，美国人应该因为反人类罪行而受到审判。"[4]这家人做出赞许的回应，她又接连说出了更多"在不同时间记住的词语和零散表述"。她已经让艾罗塔的家人相信自己与他们同属一个圈子。

莱诺空洞的政治兴趣就像她早年求学时受到成绩驱动的功课学习一样，在某种程度上是由年轻导致的。她闯入了一个新世界，首先必须机械地记住这个世界的生活方式和习俗。由此，她可以说很像我们开头提到的史蒂夫·马丁或马丁·伊登，他们踏入思想界只是为了给别人留下良好的印象，找到一条不同的、更好的成功之路而已。但是，政治话语的空洞和无效是贯穿整个《那不勒斯四部曲》的主题，一直延续到了莱诺的成年阶段。

小说中所描述的政治行动给人的最深刻印象是，政治话语还有所谓的政治思想是空洞无物的虚假伪装，不过是个人提升社会地位的敲门砖而已。政治行动完全与现实脱节，实际上其背后的动机不过是共同努力回避那些他们假装关切的困难。但是，这里有个引人注目的例外：莱诺和莉拉一起曝光了社区的暴行和腐败，先是布鲁诺·索卡沃的野蛮香肠工厂，后来是索拉拉家族的种种罪行。这些都是使用文字揭露真相的尝试，让那不勒斯的暴力臭名远扬。

不过，虽然新闻作品以十分重要的方式反映了现实，但它们没有带来多大的积极作用，并没有说服或影响任何人。相反，这两次曝光都激发了暴力和凶杀：例如，在第三部《离开的，留下的》中左派和右派围绕布鲁诺工厂的争斗，在第四部《失踪的孩子》中莉拉遭到的攻击。事实证明，认定语言可以战胜暴力和改善真实生活条件的想法只是一种幻想；最终来说，如下的形象才更为真实：学校里的成绩竞争已经蔓延，变成了大街上的互掷飞石。将不法行为公之于众，反映公众的真实生活以期带来切实的改变，这样的承诺从未兑现过。政治言论不过是权力争夺的游戏——埃莱娜和莉拉合作设想出来的真实的、善意的政治言论也不例外。

堂吉诃德式的正义之爱

我们在《那不勒斯四部曲》中发现，作者将政治议题划分为两类：肤浅的和无效的。这种区分未免过于严厉。当然，如果我们真诚追求正义，不是为了提升社会地位，而是为了让自己变得谦卑，去理解我们的邻人并为之服务，那么我们的探索就既深刻又有价值。

在佩特雷蒙特为哲学家西蒙娜·韦伊所写的传记中，我们发现，在20世纪30年代，韦伊首次积极地参与了巴黎大学生各政治派系争夺利益的活动。韦伊写了一篇又一篇站在某派攻击其他派别的文章。各联盟和政党又分裂成越来越小、越来越愤怒的派系，它们的分裂与其说是按原则问题划分，倒不如说是按首字母缩略语或字母汤划分。韦伊逐渐拥有了一种体验真实事物的渴望：到穷人中过穷人的生活。她辞掉了讲授哲学的工作，到工厂打了一年工。由于体弱多病，她好几次因为没有完成工作配额而遭工厂开除。她的作品流露出一种敬畏和谦卑的语气。据佩特雷蒙特说，就是在那个时期，韦伊开始对基督教产生了浓厚的兴趣。

阅读佩特雷蒙特对这位病恹恹的哲学老师前往流水线工作的叙述，让我们这些读者感到既钦佩又同情。佩特雷蒙特还讲述了韦伊在乡下旅行的故事。她说服路过的农民允许她亲自赶着牲口犁地，结果让犁耙翻倒在地，把农夫气得大发雷霆。[5] 我觉得，读者在读这些文字时肯定认为，韦伊简直就是整天沉浸在幻想之中的堂吉诃德，对真实有执着的渴望，无法接受既定的社会现实，是一个健康堪忧、手眼协调能力极差、笨拙无比的中产阶级教师的形象。我们也看到了她的雄心壮志：她要加入西班牙反对佛朗哥军事政变的国际纵队，却因为需要接受治疗而不得不离开回国。这是一个认不清自己身份的女人。

然而，韦伊的愿望的确令人钦佩——她认识到巴黎左派的虚伪，渴望从真实的贫困和体力劳动中获得生活智慧。她知道，交流和团结是依靠共同活动而非依靠表达关切来实现的。有一次，韦伊曾请求与她的学生家长贝尔维尔一家一起在农场干活和生活，但是她干活时的笨拙、无能以及怪异的言论常常令贝尔维尔一家人心烦意乱。贝尔维尔夫人这样描述她：

> 丈夫和我常常感叹说：这个可怜的女孩子，读书太多，已经快要把她逼疯了，真为她感到遗憾。不过，真正不明事理的其实是我们。我们能做些什么呢？我们认识的所有知识分子都与我们这些乡巴佬划清界限，只有西蒙娜·韦伊抛下成见，愿意放低身份与我们打成一片。[6]

贝尔维尔夫人既捕捉到了这位年轻女士身上堂吉诃德式的可笑之处——韦伊快要疯了——同时也展示了她行为的可贵之处。韦伊陷入智识世界中不能自拔，这个世界虽然使其有所成就，却与周围现实的苦难完全脱节。将两者联系起来所需要付出的代价就是让人对自己深感羞耻。除此之外，她唯一的威力在词语中，而词语就像四溅的火星一样脱离实际行动。

我们内心有某种东西促使我们热爱自己的行为带来的奇观，并将我们最好的冲动降格为极度自恋的幻想。人性的这个特征是如此普遍和深刻，简直到了难以避免的地步。韦伊让我们想起了普莱斯顿·斯特奇斯于1941年执导的喜剧电影《苏利文的旅行》的主角约翰·苏利文，他是一位电影制作人。[7]斯特奇斯的电影将深刻的沉思隐藏在喜剧画面之下，试图揭示做好事的真诚愿望如何导致了糟糕的后果。

苏利文依靠撰写流行喜剧而发了大财。然而，在经济萧条和战争频发的年代，一直困扰他的是，自己的作品未能表现出穷人和被边缘化的群体遭受的痛苦。他渴望创作出一部重磅电影，用寓言的形式来讲述劳工与资本家的斗争。他的严肃态度和特权背景虽然遭到顾问团队的嘲讽，但他还是认定必须亲身感受一下贫困的滋味。他计划搭乘货车，与贫困的普通人一起坐通勤车上下班一段时间，为的是目睹贫困的真面目。

苏利文体验贫困的尝试彻底失败了。他的手下坚持要乘坐一辆大轿车跟在他身后，车上不仅配备了厨师和食物齐全的厨房，还有随行医生和媒体报道团队。他想方设法摆脱自己的人马，搭乘一辆大卡车跑了很远的路程。但是，后来他还是不由自主地回到好莱坞,与维罗妮卡·莱克扮演的其心上人相遇了。随后,这两个想当流浪者的人在饥饿难耐且身无分文的情况下搭上了一辆货车,他们来到了拉斯维加斯的一家餐馆,而苏利文的团队成员恰好在此等候他的到来。在最后一次短暂的、精心照顾之后,他和莱克成功地劝说后勤团队(除了体贴周到的摄影师之外)离开,开始认真地体验贫穷生活。情节的叙述变成了蒙太奇式的剪辑,展现了他们形形色色的经历:热带丛林的营地,害虫出没的避难所,施粥处难以下咽的饭菜,以及有损人格尊严的拾荒之举。多亏了周围环境,拍摄的场面令人感到心酸和感伤,不过,画面传递出的冒险经历相当好玩有趣。苏利文对社会问题的关注在风景如画的美景中达到高潮。当这对搭档不得不真的从垃圾桶里拣东西吃时,他们放弃了,回归了正常的生活。

通过呼唤人们关注苏利文的偷窥视角,电影中的穷人及其绝望的形象深深地感动了观众。苏利文本人也因体验穷人生活的努力最终失败而深受困扰。在他第二次被手下人"营救"之后,他抱怨道:"一切似乎都在竭力把我拉回好莱坞……这实在太有趣了,就好像有某种神秘的力量在说:'回到属于你的地方……你根本不属于现实生活,你这个骗人的冒牌货。'"

因此,斯特奇斯虽然赞赏关心穷人和被边缘化群体的举动，但是，他以喜剧的方式毫不留情、一针见血地指出了它的无效。真正的穷人与关心他们的中产阶级及上层之间存在着难以逾越的鸿沟。关心穷人，却对穷人的生活没有任何了解和切身体验，这只能带来自私的、居高临下的优越感。将体验贫困生活当成众多学习体验之一根本谈不上是在体验贫困。面对这一鸿沟，对穷人的关心在叙述者的自恋下迅速崩塌，自我赞许轻而易举地战胜了自我牺牲。苏利文的新闻报道团队随时准备着将其经历转化成吸引人的时髦话语。结果表明，想要有所作为的愿望不过是渴望引起轰动的功名欲求。

在最后的媒体见面会上，苏利文通过分发现金的方式告别了他体验穷人的冒险经历。此时，电影的基调发生了戏剧性改变，从光明一下子转向黑暗，因为他有生以来第一次真正陷入了贫困。他被打昏了，身上的现金和鞋子被抢走，本人也被扔进一辆货车里。行凶者撞上了火车，鞋子让警方误以为死者是苏利文。苏利文本人并没有死，他从货车里爬出来，在稀里糊涂之中还与铁路警察打了起来。警察认为他阐明自己真实身份的抗议举动是胡言乱语而不予理会，最后他被判处六年苦役。

等到他被关进可怕的农村监狱之后，苏利文这才明白贫困、无助和被强权任意摆布是什么样子。在早先的贫困冒险中，他的上流社会背景使其显得荒谬可笑，而在这里，这种背景让他显得不懂规矩，招来了监狱长的暴力对待和残酷报复。当地教堂邀请囚犯们观看滑稽的动画片，在狱友欢快的笑声中，苏利文似乎逐渐开始理解其从前作品的价值所在。在剧情的最后一次反转中，他又回归了从前舒适富裕的状态，声明不再尝试拍摄更多的严肃电影。他总结道："关于让人们开怀大笑，有很多话要说。难道你不知道有些人的快乐只有这些吗？快乐虽然不多，但总比这辆荒唐的大篷车里空空如也要好些吧。"

如果你对电影结局展现的解决方式有些反感，这是很自然的。苏利文利用自己的优越社会地位把自己从监狱中捞了出来，回归好莱坞的奢侈生活，依靠为绝望者和贫困者提供快乐之源来保障家中配备游泳池的奢华生活。不过与此同时，苏利文的最后见解仍然是有道理的。他意识到自己的日常工作本身就满足了人类的一种关键需求。他已经克服了猎奇心理，从充满爱心的服务中找到了人生价值。

由于幸运地从虚伪的陷阱中暂时逃脱并体会到了真正的痛苦，苏利文发现，喜剧对于人类来说是件小事，完全没有任何用处，但对于人类繁荣发展的任何事物来说又是不可或缺的。在苏利文听到狱友的欢声笑语时，他发现人类微薄之善举也能到达最黑暗之地——在这种地方，微小的事物或许就是全部。

我们不应该夸大微不足道的小事与其培养出来的对应

成就之间的差异。我们有千百万个理由去追求喜剧、美术、音乐，并将智识生活提升到能够达到的最高水准。但是，我们不能用辉煌的成就来论证这种生活的合理性：只有人类的需求可以为其辩护。在一个谁也不懂普通钢琴课或合唱的价值的世界里，音乐毫无意义，就算训练有素的音乐家继续表演最精美的高雅音乐也是如此。同样，如果人类不会在湖边闲聊或者在擦窗户时思考正义的话，那就没有必要深究柏拉图的对话了。微不足道的小事凸显出人的需求，如果心中不考虑如何满足这些需求，再宏大的事业也会失去存在的价值。

工作，真正的工作和重要的工作——是指通过满足人类的某种需要、为人类提供某种利益来服务他人。对于我们大多数人而言，包括穷人在内，依靠工作服务他人是"改变生活、造福社会"的最明显方式。从当今很多年轻人被鼓励去做的事情来看，垃圾清运工的工作算不得"有所作为"，他们永远不会因为对社会的创新贡献而得到主流媒体平台的报道。不过，我们大部分人不知道居住在肮脏的街道上意味着什么，而且我们很难想象仅靠个人主动清除家庭垃圾会意味着什么。垃圾清运是一种服务，就像拍摄喜剧片一样。将这两者进行对比应该能让我们意识到，我们有关"有所作为"的观念是多么肤浅，对人类的利益是多么不利。

没有书的生活

> 这种高谈阔论可能掩盖了我们现在未知的一切，不过，谁知道沉默会不会引导我们走向它呢？
>
> ——多萝西·戴,《从联合广场到罗马》

智识生活如何帮助我们服务他人呢？让我们回到这样一个观点，即智识生活的价值就在于它能拓宽和深化我们的人性。事实证明，学习使人更加人性化的这种效果似乎并不取决于探究的途径，也不取决于那些追求人类整体共性而牺牲个别特性的作者。它始于读者或探索者深度投入学习，始于他们承担起被学到的知识所改造的责任，始于他们将学习作为对更深层次生活的探索的一部分。换句话说，如果读者和思考者的动力是探索更重要、更美好事物的欲望——我把这称为严肃认真的美德——那么人性的核心在即便拥有偏见的书中也能找到。正是这种严肃认真的美德允许我们的思考和学习来塑造我们的道德生活以及与他人共处的生活。如果没有它，智识生活就会面临变得肤浅、热衷于一致性和变成罪恶帮凶的风险。

我缺少一个论据来证明严肃认真的美德足以塑造一个人服务他人的想法，不过我这里的确有个案例：多萝西·戴，她是与彼得·莫林联合发起天主教工人运动的美国天主教皈依者。凭借严肃认真的阅读和不断尝试践行所读的内容，她靠自己的努力学会了热爱人类，并以相应的方式生活。[8]

多萝西·戴从小在芝加哥的一个中产阶级家庭长大。在广泛阅读和思考的浓厚智识生活氛围中，她首先信奉了社会主义，几年后又皈依天主教。她所信仰的天主教精神依赖于自愿贫困：她创建的社区对所有人都热情好客，收容了许多无家可归者，主要依靠捐赠生存。多萝西·戴努力地尽可能缩小"好客之家"的穷人访客与中产阶级自愿者之间的实际差距。她还以类似先知的形式行事：出于原则，她反对原子弹，拒绝参与20世纪50年代的民防演习，这样的演习旨在让公众习惯于使用核武器。尽管这种道德上的真理具有震撼力，但反对核武器的理由在政治上一向收效甚微，因此，这些努力也没有产生多大政治影响，不过是为了基督教的见证而进行的。

多萝西·戴告诉传记作者罗伯特·科尔斯，她希望人们记住两件事：一是她与被她称为"老师"的客人的谈话，一是她对读书的热爱。

> 还有一件事——我希望人们谈到她时会感叹："她真的热爱读书啊！"我总是告诉人们去读一读狄更斯

或托尔斯泰的书,读一读奥威尔或者西洛内*的著作。我可以当老师,虽然我还不是可以分析这些小说的好老师;但是,我想按照小说写的生活!那就是"我人生的意义"[她引用了一个学生提出的问题]——遵循教会和我最喜欢的某些作家的道德指南生活。[9]

对于一个一辈子投身于政治活动的人而言,提出这样的主张有些奇怪:她的人生意义在某种程度上就在于她热爱读书。她究竟是什么意思?

她的两本自传都提到她自童年时期起就有的读书习惯:"吸引我的从来不是单本书,而是一打一打的书。我对知识感到饥渴难耐,就像饿极了的人抓到食物一样贪婪地吞噬一本又一本书。"[10] 20世纪初两位支持社会主义的小说家厄普顿·辛克莱和杰克·伦敦对她的影响特别大。她在所有作品中都提到了极其关注穷人的三位小说家:托尔斯泰、陀思妥耶夫斯基和狄更斯。在其第一本自传中,多萝西·戴回忆了这些小说对她的影响:

> 当我阅读的作品的阶级意识特别强烈时,我常常

---

* 伊尼亚齐奥·西洛内(1900—1978),笔名塞贡多·特兰奎利,意大利作家和政治家。——译者注

> 会离开美丽和宁静的花园，沿着北大街前行，穿过贫民窟朝西区去，观察那些懒散的女人和蓬头垢面的孩子，想想那些与湖滨大道上的豪门形成鲜明对比的贫困家庭。我甚至也想为此略尽绵薄之力。我想写书让成千上万的读者相信，他们确实遭遇了不公正。[11]

多萝西·戴与其在此描述的书籍的互动非常直接，堪称世间罕见。她从书中读到某些东西，然后走出去观察真实情况是否如此。久而久之，书籍依靠文字和作者为媒介向她揭示了现实。我想，她正是因此才会把书称为"伙伴"，而且将读书生活与她在"好客之家"帮助穷人的生活相提并论。

但是，她的读书生活本来可能有很多方向。辛克莱、杰克·伦敦或狄更斯的读者可以通过空洞地、自我夸大地谈论事物的不公正来寻求慰藉。这种言论在纽约或芝加哥的自由派中产阶级圈子里大受欢迎，对此，多萝西·戴心知肚明。读这些书也可能只是休闲娱乐的形式，让人消遣一番，分散一下注意力而已。

多萝西·戴是一位喜欢鼓励他人的作家，她不愿意说任何人的坏话，甚至包括改变信仰前的她自己。然而，在她的自传《从联合广场到罗马》中，多萝西·戴描述了通过读书摆脱重度抑郁的经历。在抑郁中，她"被生与死的恐怖与

黑暗给压垮了":

> 晚上,我拼命地读书,试图把自己从似乎把我封闭起来的沉默之墙中解救出来。
>
> 不过,这让我意识到不停地说话其实是在逃避做任何事情。我们高谈阔论、喋喋不休,就是要掩盖我们的情感,向我们自己和他人隐瞒自己的徒劳。
>
> 当然,就像读某些书一样,和别人交谈也常常激动人心,能让我振作起来。对话帮助我瞥见做事的意义,让我从墨守成规中解脱出来,改变一直以来因循守旧的习惯。重新焕发的对知识的热爱激励我不断追求新知。问题是,这些对话通常并非由内而外自发产生的。比如,我的若干自由派朋友经常在周日下午或周四晚上聚会,这一小群人自视为一个小团体,对话常常显得有些矫揉造作和自我推崇。
>
> 这种对能说会道者的推崇掩盖了如下事实:这世上有千百万人虽然不善言辞或推理,却仍然能够感受生活并以某种方式勇敢地生活下去。这种高谈阔论可能掩盖了我们现在未知的一切,不过,谁知道沉默会不会引导我们走向它呢?[12]

内心的空虚感驱使她为了消遣而读书,她把这种动机与她有时候和自由派朋友一起享受的自我推崇式的交谈相提并论。她认定遮蔽或者掩盖悲痛、自卑和"徒劳"等感受是非常不明智的,其隐含的意思是最好勇敢地面对,这是连不善表达的普通人都能做到的事。

圣十字架的约翰将人类的记忆、理解和意志的潜能描述为"意识深渊"——只有上帝才能填满的深不见底的深渊。不过,他说,人类即使存在一丁点儿的"生物情感",对世俗事物有一丁点儿的依恋,也会无法感受到内心的空虚。因此,有依恋的人不会渴求能填满他们内心深渊的东西:"因为在这个尘世上,仍然留在生活中的任何琐事都足以使他们忙乱、纠结和着迷,以致他们既意识不到自己的损失,也不会觉察到那些本来可能属于他们的巨大祝福,既接受不到这些原本属于他们的祝福,也意识不到他们自己的潜能。"[13]圣十字架的约翰指出,感知自己灵魂的空虚,感受到一个人的容纳力、记忆力和理解力中深不可测的不确定性,这是非常痛苦的。刺激一个人用"琐事"填满自己生活的动机是显而易见的。但他认为,内心空虚的痛苦程度能够衡量当上帝填满内心的深渊时我们的快乐程度。

就像多萝西·戴在好学的促进下向上流动有可能让她产生自鸣得意的优越感一样,她朝向贫穷的向下流动也有让她沉迷于寻求惊险刺激的风险。当我们问,在多萝西·戴从童年时代到积极行动的时期再到皈依天主教的转变过程中,

是什么东西吸引着她时,我们不难发现,她渴望与他人,特别是穷人交流。但是,她担心这种动机还混合了其他更卑劣的动机:

> 渴望与穷人、卑贱者、被抛弃者待在一起的欲望难道没有与渴望和耽于享乐的放荡之徒为伍的扭曲愿望混杂交织在一起吗?莫里亚克描述过一种不易察觉的自负与伪善:"有一种伪善比法利赛人的伪善更加糟糕,它是把基督当作挡箭牌来掩盖其放纵自己的色情欲望和不断寻找放荡伴侣的行径。"[14]

多萝西·戴在其他地方曾经把这种欲望称为"骄傲的谦逊",她指的似乎主要是那种竭力想逃避性或毒品等传统禁忌的欲望。但是,我想知道,她是否还考虑过另一种危险,即她与穷人待在一起时所关心的只是寻求惊险刺激。有些读者在辛克莱或杰克·伦敦更可怕的作品中寻求的就是惊险刺激,也就是我所说的猎奇。辛克莱在《屠场》中描述过,工人们经常在制香肠的机器中丧命,芝加哥牲畜围栏里的小男孩可能会被老鼠咬死并吃掉。我们想了解这些事情,难道只是因为热爱穷人吗?这些故事可能反映了现实,但我们被其吸引更多的是由于我们对故事细节的迷恋而非对人性的热爱。我们可能会出于对囚犯的同情而去探访他们,但我

第三章 无用之用

们也可能会对戏剧、酒吧的喧闹、自助餐厅的恶臭感到兴奋。多萝西·戴并未过多探讨人类灵魂的这些黑暗面,不过她知道这些黑暗面的确存在。不然为什么她敦促自己接近更真实的生活,让她对自己所服务的穷人产生更大的认同感?为什么还需要第二次转变信仰呢?

在多萝西·戴的描述中,我们发现她皈依天主教就像此前信奉社会主义一样,部分受到书籍的影响。在她常看的书中,《圣经》是她在皈依天主教之前就时时翻阅的,尤其是里面的《诗篇》。她曾提到,在因参加争取女性参政权的抗议活动而第一次被捕入狱后,她在狱中阅读了《圣经》:"那些了解人类悲伤和快乐的人怎么能对这些话语无动于衷呢?**耶和华啊,我从深处向你求告**。"《诗篇》描绘的人性——人类的快乐与悲伤——就像狱友一样打动了她。《诗篇》不仅展示了过去时代的人性,而且展示了此时和此地的人性。她继续向我们解释《诗篇》里的文字是如何将她与狱友联系起来的:

> 当我被关禁闭时,在监狱中最初那些疲惫不堪的日子里,唯一能给我的灵魂带来安慰的思想是《诗篇》中那些表达人们突然遭受打击和被抛弃时感受到的恐惧和痛苦的诗行。孤独、饥饿和精神疲惫——这些使我的感知能力更加敏锐,我不仅感受到了自己的悲伤,

而且还感受到周围人的悲伤。我不再只是我自己，我是一个人。我不再是个小女孩，不再是为受压迫者争取公平正义的激进运动中的一员，我就是受压迫者。我就是那个在监狱牢房里高声尖叫、不断把头往墙上撞的瘾君子。我就是那个因为叛乱被判单独监禁的商店扒手。我就是那个杀了自己的孩子和情人的女人。

地狱里的黑暗笼罩着我，世界上的伤心事把我包裹得严严实实。我就像一个掉进深坑的人，希望已经离我而去。我就是孩子被先奸后杀的那个母亲。我就是生下那个强奸杀人犯的母亲。我甚至就是那个畜生，感觉自己身上的每一个地方都散发着恶臭。[15]

多萝西·戴在单独监禁中遭受了痛苦，《诗篇》中的文字向她打开了新的可能性，让她感受到了普遍的人性，分享了人类共同的命运。矛盾的是，她是在独处之中，而且是在没有与他人直接沟通的情况下产生这种与他人休戚与共的感受的。

多萝西·戴惯常的写作风格是冷静而谦逊的，此处展示的浓烈感受十分罕见。因此，就在这段话之后，她甚至为自己激动的情绪和明显的夸张而道歉。她解释说，大多数人保护自己免受他人痛苦的侵扰，但她"接受苦难和贫困为自己生活的常态"，因而容易接近这些痛苦。[16] 我猜测多萝西·戴之所以在此改变了她一贯的写作风格，是因为她透露了内心生活的一个重要部分。她揭示了她与人类苦难心灵的共鸣感，以及这种共鸣是如何通过文字、书籍以及书籍驱使她寻找的现实生活产生的。

多萝西·戴后来还会不时地阅读《诗篇》，那时她已成了一名护士。虽然仍是无神论者，但她偶尔也会到教堂里参加礼拜："有一天，我跪在那里对自己说，我必须停下来思考一番，反思自己的立场：'主啊，人算什么，你竟顾念他？'我们为何来到此地？我们在做什么？我们生活的意义是什么？"[17] 这里，多萝西·戴不仅是在感受，而且是在思考和质疑。《诗篇》提出了一个普遍的问题，一个多萝西·戴认为在现实生活中必须牢记在心的关于人的问题。这次，她的思考和质疑同样有可能走上另一条路：她可能想知道"顾念"对应的是希伯来语中的哪个单词，或者想知道《诗篇》在古代犹太礼拜活动中如何发挥作用。这些探索可能会产生一种拥有知识的满足感，但这些探索并非十分严肃认真，肯定没有达到改变她生活方式的严肃程度。

一旦注意到多萝西·戴以书籍为媒介来探寻人性和普遍规律，我们就很容易发现她的自传体作品中到处可见类似的段落：

很长时间以来，我一直觉得我不能生孩子。多年

前，我在上学的时候读过一本书《织工马南》，书中表达了母亲失去孩子的痛苦，也表达了我本人没有子嗣的痛苦。就在几个月前，我内心怀着生孩子的强烈愿望把这本书又读了一遍。[18]

多萝西·戴经常让人们注意她的感受和体验是多么普通、多么普遍和多么体现人性。当她描述自己在第一次世界大战期间做护理工作的那段经历时，她指出了自己的经验是多么常见："直接护理，让每个女性都感到愉悦。"[19] 有时她会笼统地总结一下自己的经历，介绍一下她首部自传的主要叙述内容："毕竟我的经历或多或少都有些普遍性。痛苦、悲伤、忏悔、爱，我们都了解。当一个人记得它们的普遍性，当我们都记得自己是'基督身体'的肢体或可能成为其肢体时，它们是最容易被承受的。"[20] 在此，多萝西·戴指的是天主教的一个教义，即教会成员是基督身体的组成部分。每个成员在分担基督的苦难时，都在分担他人的痛苦，因而也在参与基督的救赎行为。她在自传中谈到，她是在首次皈依的激进左派身上发现的这个教义。第二次被关进监狱的经历让她想起工人联盟领袖尤金·德布兹的话："只要有下层阶级，我就是其中一员；只要有犯罪分子，我就是其中一员；只要有灵魂被囚禁，我就没有自由。"[21] 一个强烈的愿望明显塑造了多萝西·戴的生活，那就是要尽可能深入地生活在人类最广阔的共同体之中，去分担任何一个受苦者遭受的痛苦。

根据多萝西·戴的描述，她的两次信仰转变之间的连续性源于对穷人、对人类的爱："因为我真诚地爱主的穷人，主便教我了解他。当我想到自己所做的贡献多么微不足道时，我对献身于社会正义事业的人充满了希望和热爱。"[22] 她对书中描绘的人类同胞的同情已经转变为对真人的同情，这不是自动产生的——因为对她来说，另外一条道路也是可行的——而是出于她对自己的生活和他人生活的深入思考，这种思考受到她最深层欲望的驱动。她对人性的热爱改变了她的世界观，使她从原来只关心此时此地的正义转变为依赖上帝并与上帝融为一体。

多萝西·戴的人文主义也促使她去研究威廉·詹姆士。她明确指出，是詹姆士的《宗教经验之种种》，而不是她在别处读到的感情夸张的虔诚文献，为她皈依天主教做好了准备。[23] 也许她抗拒那些宗教文献过分的做作；也许那些文献过于狭隘和有派系色彩，是用只有内部人士才能理解的行话写成的。

詹姆士在《宗教经验之种种》中的工作是一种真诚的尝试，想在种种宗教体验中找到普遍的人性。[24] 因此，他想在一个不大可能相信超自然实体的时代收集宗教信仰的道德果实。他仔细考察了信徒的体验，并确定他认为对道德至关重要的"消除自我"并不需要戏剧性体验，当然也不需要宗教体验。宗教体验的特征，甚至是禁欲主义和安贫乐道，都是通向人类卓越形式的普遍途径，它们既可以在宗教时代也可以在无神时代发展起来。

正如多萝西·戴超越了辛克莱或杰克·伦敦的派系主义，走向更广泛、更具体的人文主义一样，她也超越了詹姆士的无神论人文主义，走向一种宗教的、天主教的人文主义。在这两个案例中，她都受到普遍性的、与所有人交流的欲望的吸引。詹姆士的人文主义途径使她得以认为宗教属于人类，而非超越人类。多萝西·戴是自由的读者，没有回避读书或学习的责任，她追求人类生活的知识，并允许自己被新的理解所改变。

内在世界的用途

我认为，适当的智识生活会在人的内心培育出退隐静修的空间，一个让人反思之所。我们可以从个人的或公众的实际利益考虑中后退一步，躲进无论是室内还是室外的小空间。在这个退隐空间里，我们思考最基本的问题：人类的幸福由什么构成，宇宙的起源和本质，人类是否属于自然的一部分，真正公平正义的社会是否可能，以及如何促成这种社会的存在。从退隐空间里涌现出诗歌、数学和浓缩的智慧，这些智慧可以用语言表达出来，也可以在行动中默默体现出来。退隐空间是逃避之所：囚犯、劳动者、陷入困境的母亲都能在智识活动中找到其周围环境本来难以提供的尊严。

我早些时候曾指出一些美好的例子来显示乔纳森·罗斯在《英国工人阶级的智识生活》一书中描述的草根智识运动的影响。罗斯笔下的工人们培养了一种内在世界，它不受贫困的破坏威力的影响：它是洞察力和理解力的源头，是被环境剥夺的尊严的源头。因此，纺纱工人查尔斯·坎贝尔（1793年出生）这样描述学习：

> 好学的人，无论他的生活多么穷困潦倒，条件多么艰苦，他的内心仍然有快乐之源，这是世人做梦也想不到的……也许他正在解决欧几里得的几何问题，或者与牛顿一起在星际世界翱翔，并努力发现那种看不见的魅力的性质和特征，全能的心灵依靠这种魅力使无生命的物质服从于似有智能在操纵的法则；他还有可能从宇宙的谐和中落回大地，开始思考动物生命的原理，探索生理现象的复杂迷宫……他追随着洛克和里德的脚步，追溯了自己的观点、情感和激情的起源；或者……他展开想象的翅膀，飞向古典诗歌和音乐的美妙花园中去抚慰疲惫不堪的心灵。[25]

智识生活提供了一种逃避方式，因为它超越了"穷困潦倒"的环境，但是，这种逃避又能通往超越自我的现实：动物行为、天文学和内心生活机制等。智识研究的主题并无限制：它贪婪地追求一切。这是以某种方式拥有整个世界的一种前景，导致柏拉图和亚里士多德都认为智识是神圣的，是人类能达到的最高境界。

但是，我用罗斯的书来说明我自己有关智识生活与政治区分开来的观点可能有点不够诚实，或者说至少有一种反讽的色彩。罗斯打算展示的是学习和脑力劳动的社会功用：他记录的草根智识运动也是政治解放运动。为劳动人民争取智识上的发展是英国劳工运动和美国类似运动的重要组成部分。然而，我们不可能在阅读这些见证智识生活的描述时看不出智识生活对这些人是多么重要，无论它的政治效用如何。以社会党棉纺厂工人爱丽丝·弗利（生于1891年）为例，她写到了新的智识生活如何使她变得更加激进：

[一位从前的农场工人]讨厌工业体系，通过在荒野边缘经营一家商业菜园找到了解放。在那里，他在自家土地上架起一台高倍望远镜。在室内，他展示天空和星座的幻灯片；而在一年中最暗的一天，在天空清澈的夜晚，我们受邀去观看土星周围的光环，观看银河系以及月球陨石坑和山谷的美丽。在仔细观察过后，他转向我们严肃地说："小姐们，这难道不是了不起的景象

吗？宇宙如此庞大，然而我们却把宝贵的生命浪费在战争和琐碎小事上！"那时我们还年轻，一边直勾勾地凝视天空，一边忍不住傻笑；然后是无声的时刻，因为我们意识到"黑夜笼罩住了上千颗不吉祥的星星的美丽——浩瀚的夜空及其虚空"，心中顿生敬畏。[26]

弗利变得激进的表现可能包括对值得向往的政治和社会成果有了新的信念。但是，这始于对与政治无关之事的思考，这些事本身毫无用处，尽管人们有可能在其中找到的人性比普通生活所能提供的人性更加完整。然而，凝视天空并不能决定爱丽丝·弗利成为社会主义者的命运。摆脱大大小小的功利用途而赢得自由，从单调乏味的周围环境中解脱出来，从贬低人性的特定社会角色中抽身——这样的自由是人类各种各样的可能性存在的基础。

自由和志向

每次为了社会目标而运用智识都应该被认定为虚妄和肤浅吗？我们害怕遭遇类似斯瑞西阿德斯或埃莱娜·格雷科向上爬的最糟糕处境，我们是否应该效仿阿里斯托芬笔下的苏格拉底对纯粹无用性的追求，故意去选择肯定不会给任何人带来任何好处的智识活动？

的确，要想避免自私自利的结论，要想摆脱动机驱动的妄想，最好是在最无关利害之时，例如研究古代数学，或者是对时间的本质进行哲学探究。因此，当我们的关切和利益牵涉其中时，由于各种各样的开放性观点会引发焦虑，我们的思维会变得固化，这样或许就不可能进行真正的探索。我们有时候设想智识工作可以为热门话题开辟对话和交流的空间，但是，这种尝试很少成功。

智识生活的社会用途在于培养更广泛、更丰富的为人处世的方式，塑造我们的志向和对自己的期待。显而易见的且人们普遍注意到的是，文学拓宽了我们的视野：我们在想象中同情那些与我们不同的人——拥有不同种族、性别、宗教、时间和空间背景的人。但是，数学和其他科学同样如此。用数学和其他科学的方法思考肯定是作为人的意义的一部分；通过研究这些主题，特别是依靠过去的思想家，我们会从内在世界看到人类不可胜数的奇特可能性和理解模式。

当我说智识生活培养我们的志向时，我并不是说它扩大了职业选择，虽然的确有这种可能性。通过践行好学，我们可能发现自己有当消防员或护林员的愿望。我们可能会决定抛弃一切，来到村外一个破旧的小屋里居住，在此种菜、祈祷，并在人们需要时为其提供精神指导。但是，人类的渴望比我们外在的生活范围更深刻、更广泛。我们渴望生存的方式是变得聪明或善良；要有广博的知识，坚定不移地追求真理，成功时谦逊，逆境时不失幽默。阿尔贝特·施韦泽放弃了在神学和音乐领域的辉煌事业，为非洲的穷人提供医疗保健。他指出，并不是每个人都有机会做出如此引人注目和代价高昂的选择。[27]但是，任何可以满足生活基本需求的人都能追求人类的辉煌成就，即使个人的成就未必得到广泛认知或认可。

人类志向模式的培养必须是自由和自发的；不管我们开始时想到的目标是什么，我们都必须在智识的带领下前进。当年轻的奥古斯丁开始寻找智慧时，他并没有想到要牺牲他的女朋友或者他的修辞学家生涯。智识提供了一种从根本上来说不可预测的**生活指南**，自成一体且独立的指南。如果它在整体上屈从于经济利益，无论是个人利益还是公共利益，它将使预设意图合理化而不是将其重塑。如果屈从于对正义的追求，这个意图对某些人可能更有吸引力，但结果是一样的。政治意图将占据主导地位或遮蔽其他意图，使我们难以评估自己的原则，难以更好和更深刻地理解什么是正义，难以更清晰地看到出现在我们眼前的正义或者侵犯正义的现象。智识屈从于其他意图会催生一种道德等级体系，其中的道德专家只会用部分真理指导他人。这就是为什么智识生活拒绝屈从于次要目标，如财富、野心、政见或快乐。如果不让智识生活停留在令人惊叹的无用性之中，那么它将永远不会结出实用的果实。同样，如果为了公平正义的社会而斗争，却让我们付出失去公平正义的代价，那就毫无价值了。

学习的世界

> 我与时代精神完全格格不入，因为它充满了对思考的蔑视和不屑。
>
> ——阿尔贝特·施韦泽，《生命的思索》

好学是内心生活的一种形式，它要求放弃追求财富和社会地位，放弃追求政治和正义。在困难的环境中——例如人性在特定社会角色中遭到践踏，没能作为一个齿轮嵌入社会成功这台机器中，遭受压迫和监禁，社会生活中充斥着自私自利的谎言——好学因为与世无争、沉静内敛的特质而熠熠生辉。它彰显了一个人本来的价值，而不是根据其经济、社会或政治贡献来将其贬低为一种工具。

我们的外在环境会影响内在动机：循规蹈矩的社会环境会激发我们融入社会的愿望；激烈竞争的环境催生我们追求成功的欲望，以及赢得荣誉、财富和地位的欲望；贫穷、匮乏或压迫则驱使我们去战胜身体的或心理的痛苦，或者通过与剥削者或压迫者合作来将这种痛苦最小化。因此，一种充斥各色奇观的文化会唤起我们为体验而体验的欲望，让我们沉迷于事物的表面，寻求与他人的虚假交流，这种交流使我们互为观众和奇观。可以说，我们能从现实世界抽身，进入专门寻求空虚刺激的领域。

起初，智识生活似乎是一种出口：遁入一个隐蔽的房间；退入专利局的"修道院"、混凝土高墙内的牢房、内心的荒漠。但事实上，好学者追求的是越来越多的真正的现实。他们秉持严肃的态度，寻求生活的真谛、幸福和真理中的快乐——如果真理中没有快乐的话，那追求的就是真理。莉拉·赛鲁罗比她的暴力邻居更能融入这个世界——此处的世界要理解为真实的世界——她永不停歇地开疆拓土并消灭对手。他们假装自己是掌控者，试图通过领先死亡一步来征服死亡；莉拉则思考并热爱真实，而且知道这样做是最重要的。

沉浸在我们最初意义上的"世界"中，即追求地位和财富之所，最终与观看角斗士比赛或将我们的一生奉献给社交媒体的冲动有很大不同吗？是的，这是因为真正的现实有更好的机会突破假象显露出来。我们可能会因为某份工作能带来良好的声望而接受它，然后发现它满足了我们社区的真正需要，而我们觉得这是一项令人满足的服务。我们与某位花瓶妻子或花瓶丈夫四目相对时，可能会突然意识到另一个人内心的丰富和深刻。我们进入学术界或许只是为了扩大权力和提高地位，或者羞辱我们的原生家庭，但是在此过程中，我们会慢慢地爱上我们的学科，或者爱上这门学科影响学生的方式。体验的世界向我们揭示了真正的益处所在，但我们需要不断努力才能看清它们并有效地找到它们。野心的危险与其说是人的自私倒不如说是人的肤浅，是得到认可的兴奋，是赢得青睐的喜悦，是引起轰动的狂喜。这样的兴奋和刺激让我们浅尝辄止，阻止我们触及它们背后的真实益处。

观点化的大学与观点领域

> 教育实际上并不像某些人在自己的职业中所宣称的那样。他们宣称，他们能把真正的知识灌输到没有知识的灵魂里去，好像他们能把视力放进失明的眼睛里似的……但是，每个人用以学习的器官就像眼睛，整个身体不改变方向，眼睛是无法离开黑暗转向光明的。
>
> ——柏拉图,《理想国》, 保罗·肖里英译

如果说智识生活本质上关乎穿透外表、触及内里，质疑表象，不满足于显而易见的认识，那么它与通常所说的"知识"——吸收正确的观点——就几乎没有任何关系了。但是，正确的观点正是当今学术机构所贩卖的内容：有关文学、历史、数学或其他科学的正确观点。因此，大学课程中

教授的要点具有普遍性，将其临时牢记在心是取得上佳成绩的条件。因此，行政管理也强调学习的成果；一切都被政治化了，学习被贬低到只以其社会结果和政治结果为尺度。

我的教友们，具体说是天主教徒，广义上说则是基督徒，也落入将观点当作教育的陷阱之中：由于对更广泛的敌对文化充满焦虑，加上内部派别的利益冲突，他们都退回各自的派别之内，转而顽固刻板地宣扬自己派别的特定教义。他们通过这种方式将严肃认真的探索和智识发展降格为要点式的教理讲授或福音传播。教育的意图更多是由宏观的政治目标——每个派别各不相同——而不是精神生活的基本原则确定的。我们教的是自我辩护的论点，而不是共同的人类纽带，后者是说服他人的基础。我们需要提醒自己基督教存在若干基本原则，在理解力和神圣性方面有着自由、广阔和无限成长的光明前景。基督教教义与其说是库容量有限的人工湖，倒不如说是源源不断往外冒水的一眼甘泉。

当然，真正的好学并非基督徒的专有财产。在此，我要强调的是对学习的一种天生的热爱，这种好学从本质上说属于所有人的天性，是人人生来就有的品质，反过来又可以依靠恩典而得以提升。这种提升的可能性应该激励有智识的基督徒进一步推广好学的行动，这正好吻合了一句古老的口号——恩典基于自然天性。

在世俗教育机构中也是如此。在当代背景下，很多被当作教育的做法事实上不过是在灌输某些正确观点而已。有些是进步的积极分子支持的教育，这种教育备受诟病，主要目标是取得社会结果和政治结果，而不是培养自由的、善于思考的人；有些则是与进步的积极分子截然相反的保守派教育：推崇有关自由市场或经济自由的正确观点，关注的焦点同样是广泛的政治结果。

教育在意识形态的影响下普遍越发狭隘，作为对此的回应，传统自由派提倡观点多元化，以文明理性的方式自由交流观点。但是，就连这派人士也如其他派别一样推崇相同的伪神：观点化，即死守某些观点。形成某种观点与真正的探索没有多大关系，就像正确的观点与对真理的认识没有多大关系一样。因此，推崇观点的多样性几乎和它本来要取代的种种思想灌输形式一样既肤浅又贬低人性。当我们就一个特定话题进行辩论时，我们会设计出更加高效的方式来为我们本已相信的观点辩护。而且一场辩论也很少会促使人们真诚而深入地探究事物的本质——至少不会像一本好书、人类的某个根本问题或者一场不强求定论的激烈对话那样有效。观点的选择与严肃认真的美德不同，也不能取代这种美德。

文明理性的观点交流可能会形成一种宽容的假象，但是，它其实并不需要严肃认真的思考。很多观点不会轻易发生改变，即便有所改变，也未必是智识活动参与其中的标志。观点是由社会驱动的恐惧和野心等冲动组成的复杂网络死死地固定住的。一旦我们的小团体，即我们的社交圈发生改变，我们的想法就随之发生改变。在观点层面上，我们的推理能力是倒过来为预先确定的选择辩护的。我们的社交世界就是我们的智识舒适区。打破这种纽带以便真正学到某些东西，就需要某种思想上的冲击：一本让我们在折磨中认清现实的书，一个无法回答的问题，或者一位看待事情的角度与我们完全不同的智者。

任何读过柏拉图《理想国》的人都记得，观点领域被比作阴暗的洞穴，要想开始真正的智识活动，需要做出艰难而痛苦的转变。从阴影中走到阳光下是从面对基本问题开始的。什么能够保障社区的公平正义？自然界有秩序吗？数学研究的对象是什么？人类更像野兽还是更像神？诸如此类的问题可能颠覆人们固有的观点，迫使我们与过去的声音和另外的声音进行真正的对话。

可以说，我们的教育机构在很大程度上致力于以一对多的方式传播正确观点，或交流某些并不涉及根本问题的观点，选择走捷径，为了狭隘、肤浅、政治投机、分裂的东西而不惜切断人类团结的深层纽带。这样一来，他们切断了产生不满意的源头，以固守某种观点的短期满足感取而代之，而他们消灭的不满意感对培养远大志向来说是必不可少的。

有时一本优秀的著作就像一个根本性问题那样令我们

感到困惑。我们觉得堂吉诃德可笑，同时也喜爱和钦佩他。我们鄙视《曼斯菲尔德庄园》的主角范妮·普莱斯，同时也不得不承认她拥有某些美德。深入历史之后，我们不再急于对深陷罪恶之中的失落文化做出评判。奴隶主和纳粹也展示了他们人性的一面，我们开始在他们身上寻找自己的影子，想知道自己可能会陷入什么样的罪恶之中。

在优秀的文学作品或历史研究中，我们的同情心会经受拷问，而在数学或其他科学领域中，我们又要面临下定结论方面的局限性。我们经过艰难探索才揭开有机分子的奥秘或证明哥德尔的不完全性定理。我们发现根本不可能解释电子如何既是粒子又是波，或者几何点如何既是有也是无。

受挫折感和敬畏的驱使，我们对真理和理解的渴望将我们带入智识的深处，这是激发真正学习之地。但是，就算这些欲望对我们来说是天生的，它们也必须战胜我描述过的其他欲望：天生的懒惰、热衷于奇观的刺激、易怒倾向、追求地位或成就的冲动，以及由特定社会群体所提供的不稳定的舒适堡垒。

好学面临着人类其他许多要素的竞争，也与我们对表象的渴望相竞争。因此，培养好学的热情需要纪律法则，以使困难之事变得容易，容易之事变得困难。校园政治不宜过多，而且应该总是属于课外活动。一个人应该投入与不同社会群体合作的活动中，应该以不追求得出确定答案的开放式探究为核心,而不是将既定的结论合理化。

一切都观点化造成智识生活变得贫瘠,而且让学生也失去了尊严。如果我们要把大学校园变成各种观点的回声室或者巧克力分类盒,那么我们首先会把年轻人视为接受观点的容器,内容的消费者,认为他们的体验必须得到细致的管理。不同之处只在于,观点的选择是由相关官员操持,还是交给开放市场来决定,在开放市场中,噱头往往对这些稚嫩的消费者有很强的吸引力,而社会压力也会影响他们。无论采用哪种方式,我们都否定了学生的理性能动性和对学习的天生热爱。我们试图控制那些看似低人一等者的反应,而不是与自由的成年人一起进行开放性的探索。

那些进行持续和严肃的探索的自由成年人不是从零开始的——他们是在信任中被培养起来的。教育始于这样一种假设,即学生有能力为自己的学习负责,他们天生就有学习的动力,甚至有很强的内驱力在鞭策他们探索最基本的问题。这个假设的基础是学生普通的人性以及学生接受教育的自由选择。

美德是通过模仿习得的,这是一个常见的观点,至少可以追溯到亚里士多德关于人类卓越性的理论。如果我们希望在年轻人中推崇严肃认真的美德,将自由探索传承下去,引导学生通过深入研究产生真正的洞察力和理解力,我们就必须首先培养自己。我们应该提醒自己认识到曾经困扰我们的关于人性的问题，我们应该带着这些问题重新思考工作、选择和生活的广阔空间。我们必须构建平等者的共同体，培养人类严肃认真的美德，并邀请学生加入我们的行列。

习惯和纪律在人与人之间传递，相互关照，并辅以适当的鼓励或劝阻。如果我们想学习弹钢琴、制作家具或者练习武术，我们会寻找一位高手，然后拜他为师。一对一的因材施教教学模式仅限于少数几个文理学院和名牌博士点，这是高等教育体制的耻辱。我们的大学校园日新月异，发展迅速，新建筑、美食广场和攀岩墙不断涌现；但是，随着班级规模越来越大，师生之间的距离也越来越大，教育质量越来越差。不知何故，在现代视角中，教育已经沦落为掌握些许表述的活动。有些实用性的科目或许可以依靠这种方式来学习，但我们实在无法为现代大学的高昂成本和不便辩解。

恢复我们的人性

> 人们为赢得棕榈、橡叶或月桂
> 使自己陷入迷途，何等无谓，
> 他们不停地劳心劳力，以便
> 最终从一草一树取一顶胜利冠，

> 这顶冠遮阴既短，而且又狭窄，
> 无异于对他们的劳碌做无言的谴责；
> 与此同时，一切花，一切树，彼此相连，
> 正在编制一顶顶晏息的花环。
>
> ——安德鲁·马维尔，《花园》

正如我在本书前言中所写，为了找到自己在世界上的位置，我认真思考了学习的价值，因此做出自己的决定，回归到因人而异的一对一的教学。但是，我在回到"这个世界"后发现学术机构和我的学界朋友在每况愈下：人文学科被撤销，文科机构被关闭，教学岗位消失，班级人数激增，学界朋友陷入不同阶段的幻灭或沮丧中，担忧其工作最终是微不足道的、毫无意义。作为对此的回应，我开始就心智工作的重要性写作。

我当时遇见的情况现在仍然能看到，它其实已经持续了很多年。有一段时间，美国大学一直在经济上和政治上承受着巨大的压力，它们被要求放弃教育使命，转而开设具有经济用途或政治用途的课程。我们通常所说的"文科"受到的影响特别大，但并不仅限于此。在此，我不打算深入探讨各种社会原因和经济原因，也不想提出多少切实可行的政策建议。我只想是给出如下非常简单和片面的诊断：学界专业人士在日常的人类智识活动中已经忘记了初心。因此，

我们不再能够向公民同胞或慈善家——更不用说向我们自己——证明和解释大学为何重要。

不久前,我偶然发现了一本有百年历史的学术著作,该书是关于公元前8世纪的亚述国王辛那赫里布的一部**编年史**。亚述国王的编年史之所以引人入胜,是因为可怕的暴力,他们对神的恩宠的信心,他们将集体置于个体领袖之下的选择,以及他们的一种观念——王国的任何行为都是国王的行为。该书的绪论就已经很明显地提出了这本书最想提出的人性问题——绝对的军事权力和政治权力使人腐败的巨大威力:

> 历史始于君王的虚荣心。(会不会以人民的虚荣心而告终?)[28]

今天的学者们既精于世故又太缺乏自信,不会在为专家而写的著作中提出这样明显、深刻和普遍的问题。他们将人性潜藏在行话术语的背后,或者使其彻底消失不见。上面的话若是当代学者写出来,可能会这样开头:

> 新亚述时期王权概念形成的文本源头是众所周知的,但其理论化程度不足。

而学者们为普通大众读者写作时,他们假设读者只关心时事和名人。因此，向大众读者介绍亚述国王辛那赫里布的现代书籍可能这样开头：

> 2015年春，ISIS摧毁了亚述古城尼姆鲁德。演员乔治·克鲁尼谴责此次破坏是"一种暴行"。[29]

为新闻提供背景当然很重要，但是，人类对历史的兴趣并非仅此而已。我们无须求助于嗜血的恐怖分子形象或者娱乐明星对此事的关切来让历史变得生动有趣。普通人同样关心永恒之事——君王的虚荣心和战争的恐怖。

我们的大学在其他方面也丧失了初衷。大学曾经将一种实践活动视为其核心使命，它的成功显而易见，因此是大学无穷无尽的信心之源。这种实践被称为教学活动，是由面对面传承交流思想的习惯构成的，这是所有严肃认真的思考、反省和发现的基础。优秀的教学体现在接受这种教导的人身上，因此，它会激发有时候令人觉得荒谬的感激之情；同样，其价值也广泛体现在实践这种教学的老师身上。遗憾的是，这种教学几乎已经从我们的大学校园里消失了，多亏了那些顽强、敬业、坚持原则的人才勉强幸存下来，这些人出色地完成了工作，却没有得到认可或足够的补偿。与此同时，声望很高的学者们则在激烈争夺那些教学负担最小、能最频繁地前往欧洲和亚洲出差旅行的岗位。他们进行了大量的学术研究，但大部分看上去和任何人性问题都毫无关系。尽管如此，由于出版的作品似乎是可量化的，它就可以满足行政部门评估科研成果的需求。因此，成果优异的教授会获得六位数薪水的奖励，并且成为名人。即使是在思想上热诚、在道德上自觉的学者，面对这一整套激励措施也毫无招架之力，就像一个天生热爱学习的人面对全 A 成绩单的诱惑毫无招架之力一样。从本质上来说，奖励变成了目标。

精英学者只占大学教师的很小一部分。众所周知，教授们正在慢慢地被兼职教师所取代，后者是教师中的奴隶阶层，必须给很多学生上大课，才能像从事快餐行业那样依靠微薄的工资和福利勉强度日。截至 2016 年，这些兼职教师几乎占美国大学教师的四分之三。[30] 鉴于课程和学生如此之多，负担如此之重，再加上囊中羞涩带来的额外压力，充分的教学实践变得几乎不可能。无论是精英学者清醒的、充满负罪感的思想作品，还是才华横溢、兢兢业业的老师们发自内心的大声呼吁，都无法阻止甚至延缓大学教学的毁灭进程。立法者推出一堆又一堆法律法规，学生消费者提出建设豪华的校园操场等荒谬要求，大学管理者忠诚于来自商界的充满敌意的管理原则——他们都要负一定责任。而精英教授们虽然人数并不多，却拥有很大权力，但是，他们在日常生活中都选择不使用这种权力。他们选择在不认识学生的教室里提供教学内容，不为保护或恢复教育质量而战，虽然他们自己当学生时接受过这种教育。此外，兼职教授们也需要扪心自问：大学教学换来的就像糕饼上的薄薄一层糖霜那样的虚名，这就是对他们不凡智力和才华的最好应用方式吗？

我希望支持智识活动的大学机构能不忘初心。为了繁荣发展，大学需要恢复其最初的目标。制度性设计，尤其是激励机制和奖惩制度，极大地影响着大学的终极目标、我们容易选择的方向以及我们喜欢和重视的事物等。在这危急时刻，它值得成为我们深入思考的焦点。但是，我希望本书描述的学习和实践形式能更笼统一些。旨在培养智识生活的机构可能会衰落和崩溃，但我们不应该听任智识生活也跟着衰败下去。我们必须提醒自己，我们做的事中哪些最重要；我们必须重新团结起来，让大学这种特别的存在方式不至于丧失，使大学的快乐和悲伤、追求卓越的模式和独特的共同体纽带永世长存。

结语 普通知识分子

就我而言，一切准备就绪：我反对一切形式的宏大工程，赞许个体之间看不见的道德感染力，就像许多柔软的根须，或者像毛细血管渗出的水一样，从世界的缝隙中偷偷潜入；但是，若假以时日，它们甚至可以摧毁人类引以为傲的最牢固的纪念碑。你处理的事务越庞杂，越虚无缥缈，越无章可循，生命就越显得虚假。因此，我反对所有大型组织，首先和最重要的是国家组织；我反对所有伟大成功或者辉煌成果；我支持真理的永恒力量，这种力量总是体现在个人身上，也不会有立竿见影的效果，并且起初总是处于劣势，但随着历史的车轮向前滚动，在真理提出者逝去很久之后，真理才会被人们发现且被奉为圭臬。

——1899年6月7日，威廉·詹姆士，致亨利·惠特曼夫人的信不久前，人们普遍想当然地认为智识活动有益于普通人。我在前文中也提到过 20 世纪早期的经典手册《悠游度过一天的 24 小时》和《智识生活》。对于有智识兴趣的非学界人士来说，这些小书为他们的智识活动提供了丰富的实用性建议和激励或鼓舞他们的豪言壮语。这些作者写作之时，大量经典作品的译著也正以廉价版本不断问世。

20 世纪初，出现了一批强大而务实、将实践置于理论之上的实践倡导者，还有受幻想驱使的技术倡导者。尽管如此，显而易见的是，在人人文库和技工讲习所读书俱乐部的时代，出版商、学者和基层组织者建立并捍卫各种智识生活形式，带动人们对事物刨根问底，并尽可能广泛地触及受众。即使是 20 世纪早期的积极行动者也对严肃认真探索的民主表示敬意：马克思主义者前往最贫穷的地区，为任何愿意听课者讲授黑格尔和费尔巴哈晦涩难懂的观点，而在当下连教授都不敢为本科生指定这些学习任务。

在这些例证面前，仅从经济和政治利益的角度来为智识活动辩护似乎显得苍白或没有说到点子上，就像当今人文学科和自由教育的辩护者所做的那样。但是，那种辩护还有更糟糕之处：它们是虚假的，而且极具破坏性。智识生活若要为人类带来好处，它事实上就必须不再考虑经济利益或社会和政治效益。正如人类某些小事证明的那样，其部分原因在于人并非只是个体利益或公共利益的工具。智识生活之所以是人类尊严的源头，恰恰就是因为它是超越政治和社会生活的。不过，与这个世界保持距离也是必要的，因为我说过智识生活本身就是一场禁欲苦行。

如果说智识生活不是精英阶级专属的，而是人类遗产的一部分，那么它首先属于普通人，从根本上来说也是如此。所有智识生活，无论最终变得多么繁杂，起初都源自日常生活背后的人性问题。学术科研本身是令人兴奋的，但是，在没有最基本的反思、没有对人性善恶或世界万物的结构和起源进行理性思考的世界里，科研就毫无意义。如果文学、哲学、数学或自然的本质与普通人的利益或人们在日常生活中理解世界的方式根本没有任何关系，那么更高层次的学习研究就毫无意义。因此，学术研究是对普通人的回报，其延伸的形式是尊重自由的智识在人类美好生活中发挥的作用。

任何追求美好人类生活的人都能从广泛和深入的学习中受益。人们也无须在大学工作或者必须上了大学才能培养严肃认真的美德。我们对生活中最根本要素的热切渴望是由理想志向推动的，是依靠想象我们渴望拥有的人类生活方式促成的。我们的智识文化更加重视破坏而非建设，享受优越感的兴奋刺激而非内心深处的激励，强调派系忠诚度而非寻求建立共识的基础。然而，任何有思想的人（更不用说作家、艺术家、评论家或记者了）都可以寻求值得仿效的典范，无论是在世者还是已逝者，无论是历史人物还是虚构的人物，这些典范都在全力寻找更多、更好、更精彩、更高尚的生活方式。

在本书中，我不得不使用智识领域中成就卓越的典型案例：爱因斯坦、葛兰西、歌德、奥古斯丁。这是因为他们是在图书馆藏书中可随手找到的智识生活的典范，是名垂青史的成就卓越者。我们的这种充满奇观的文化的弊端之一是，我们忘记了那些默默无闻的生活像名流显贵的生活一样拥有人性光辉，往往还多于后者。我一直将此铭记于心，并在任何可能之时求助于谦逊的书呆子、业余博物学爱好者和爱思考的出租车司机。如果你和我一样天生受到辉煌成就的吸引，那就搜集平凡思想者的例子吧——除了家人、邻居和同事知道之外，他们的辉煌成就并没有多少人了解。每每想到我们永远无法企及的思想和经验之巨大宝库，我都会肃然起敬，相信你也如我一般。

让我们提醒自己，人类事业的范围是多么宽广，也请记住任何人只要肯花费时间思考就可以达到思想的深度。让我们充分发挥人类的才智和想象力，将内心的追求建立在最重要之事上。

致 谢

在本书中，我试图阐明自己在人生旅途的智识生活方面的感悟。承认我在此体验式学习过程中所获得的恩情，就等同于承认我整个人生所得到的恩情。我要说的是，在这一学习过程中帮助过我的每个团体，以及其中的老师、同学和同事，我都对他们感激不尽。然而一切都始于生命的开端和童年时期，为此，我满怀感激之情把本书献给我的父母和兄弟。

准确地说，本书源于 2015 年我在圣母大学伦理与文化中心的秋季会议上所做的 15 分钟幻灯片演示报告。在收集和思考演讲所需图片的过程中，我得到玛丽安·汤普森的帮助，她为我提供了哲学家从世界退隐的原始插图。这次的发言稿（题为"自由与智识生活"）几个月后发表在网刊《第一要务》上，本书第一章就是由该文修改而成的。我由衷地感谢这次演讲的现场观众和文章初稿的读者，特别要感谢给我写信的读者。他们的热情鼓舞了我，让我意识到其他人可能也觉得有必要坚定有力地阐明为什么学习本身很重要，而且这种必要性还跨越政治和宗教的界限。已故的彼得·劳勒曾邀请我为《现代》杂志撰文"智识工作为何重要"，该杂志也为此书的其他部分提供了材料。我在试图描述学习的天然好处时，多明我会的朋友们，尤其是修道士弗雷德·约翰·考伯特、迈克尔·舍温和托马斯·约瑟夫·怀特给予了我特别热情的回应，他们尽其所能地说服托马斯学院对我敞开大门，允许我在过去两年里与天主教学院的学生们分享这些想法。

罗布·坦皮奥建议我就该文的话题写一本书，而且自始至终一直热情地鼓励我，为我提供了很有意思的想法和必要的帮助。如果没有他，这本书根本不可能问世。

多亏了圣母大学伦理与文化中心的研究员职位和慷慨资助，我才得以完成大部分书稿。我非常感谢该中心的工作人员的倾情支持，特别是卡特·斯尼德、瑞安·麦迪逊和玛格丽特·卡巴尼斯，同时也要感谢我院院长乔·麦克法兰免去我一学期的教学任务。我在该中心的同事吉姆·汉金斯与我分享了他对文艺复兴时期人文主义的研究，让我找到了许多很有用的参考文献和例证。在每周与詹姆斯共进午餐之时，我从他那里学到的东西要比我去图书馆涉猎书籍的收获还多，我们的交谈非常愉快。在圣母大学期间，我还得到了哲学系老师们的帮助，特别是肖恩·凯尔西，他把自己的办公室借给我使用；还有梅根·苏利文、凯塔琳娜·克劳斯和大卫·奥康纳。我也由衷地感谢"西伯里之家"居民的热情款待。

书稿的最后准备工作得到了美国国家人文基金会夏季研究补助的赞助。书中的任何观点、发现、结论或建议均非美国国家人文基金会的意见。

我非常感谢圣约翰学院过去几年的学生，他们与我就书中提到的著作及其作者进行了极具启发性和富有成效的对话或讨论，同样，我也非常感谢我的老师们，25年前他们就是在这所学校向我推荐了这份阅读清单。我还需要特别感谢我的研讨课伙伴尼娜·黑格尼、罗伯特·德鲁克、比尔·布雷思韦特和迈克尔·科梅内兹，我从他们那里学到了很多。当我对所读书籍有所不解时，他们的独到见解经过我消化和吸收之后被纳入本书之中。我和同事们为讨论费兰特的《那不勒斯四部曲》而成立的两个暑期读书小组卓有成效，它们对我理解这部作品帮助极大。同事和学生们成立的有关阿里斯托芬的《云》的另一个读书小组对我也有很多帮助。在圣约翰学院，关于我们的研究项目价值何在的问题，任何两人的观点都不会完全一致。我对学院感激不尽，但我没有资格代表学院发言，我的观点不能被误解为学院的官方观点或非官方人士的观点，它仅仅代表我自己。

我的若干朋友与我分享了关键提示、类似的讨论或有趣的段落。艾琳·格拉姆与我分享了她研究多萝西·戴的精彩著作,玛丽亚·苏拉特阅览了本书论述戴的章节。我得到许多人的建议,如斯蒂芬·曼恩和贾尼斯·汤普森有关奥古斯丁的建议,克里斯蒂娜·约内斯库有关罗马尼亚政治犯的建议,亚伦·库雷希修士有关在监狱中研究数学的建议。罗伯特·阿博特、吉塞拉·伯恩斯、凯塔琳娜·克劳斯、凯里和苏珊·斯蒂克尼夫妇等人帮助我了解了歌德和葛兰西。奥利维亚·克罗斯比一如既往地给予我宝贵的鼓励和支持。

安东·巴尔巴-凯、阿格尼斯·卡拉德和蕾切尔·辛普瓦拉阅读了部分书稿,他们的反馈给了我很大帮助。我与阿格尼斯就这本书进行的整整一下午的对谈帮助我一扫阴霾,重拾信心。彼得·维克斯阅读了书稿,帮助我避免了许多文体风格方面的错误。克里斯·麦克丹尼尔在成书前不久通读了整部书稿,迫使我澄清模糊的哲学问题(当然,本书中仍然模糊不清之处不能归咎于他)。尼娜·黑格尼和吉姆·汉金斯也阅读了本书初稿,并给了我至关重要的建议和鼓励。普林斯顿出版社的两位匿名审稿人给了我精彩、彻底和极具哲学挑战性的建议,我非常感激他们带给我的压力,激励我将宗教方面的思考清晰阐述出来。爱丽丝·福尔克迅速和漂亮地完成了书稿的编辑工作。如果没有上述诸位的辛苦付出和时间上的牺牲，本书是根本无法出版的。

衷心感谢所有为此书付出和奉献心力的人，我为他们祈祷，尤其要为书籍的主保圣人圣马丁·德·波里斯和圣母祈祷。

注 释

序　言　洗盘子如何恢复了我的智识生活

1　除非另有说明，否则英译文均由作者本人翻译。

引　言　学习、休闲和幸福

1　我推荐去看大卫·格雷伯的近作《毫无意义的工作》中的例子，请参阅 David Graeber, *Bullshit Jobs* (New York: Simon and Schuster, 2018)。

2　Steve Martin, *Born Standing Up* (New York: Simon and Schuster, 2007), 64–65.

3　请参阅 Plato, *Republic* 2, 357b–358a。亚里士多德在《尼各马可伦理学》的前七章中阐述了终极目标——幸福——以及人类目标的结构。他在《尼各马可伦理学》第 10 卷的第 6 至 8 节中指出，人生的最高目标是沉思活动。Aristotle, *Nicomachean Ethics* 10. 6–8.

4　请参阅 Jonathan Rose, *The Intellectual Life of the British Working Classes* (New Haven, CT: Yale University Press, 2001)。关于这场阅读运动如何从英国传播到美国，请参阅 Scott Buchanan, "Awakening the Seven Sleepers," in *Scott Buchanan: A Centennial Appreciation of His Life and Work, 1895–1968*, ed. Charles A. Nelson (Annapolis: St. John's College Press, 1995), 1–13。

5　A. G. Sertillanges, OP, *The Intellectual Life: Its Spirit, Conditions,*

Methods, trans. Mary Ryan (Washington, DC: Catholic University Press, 1987).

6　Arnold Bennett, *How to Live on 24 Hours a Day* (Garden City, NY: Doubleday, 1910).

7　Jack London, *Martin Eden* (New York: Holt, Rinehart, and Winston, 1908), 137.

8　George Orwell, *Down and Out in Paris and London* (New York: Harcourt, 1933), 105–21.

9　Barbara Ehrenreich, *Nickeled and Dimed: On (Not) Getting By in America* (New York: Picador, 2001), 46.

10　James Bloodworth, *Hired: Six Months Undercover in Low-Wage Britain* (London: Atlantic Books, 2018), 11–76.

11　Bloodworth, 51.

12　Plato, *Theaetetus* 172d–e, trans. M. J. Levett (Indianapolis, IN: Hackett, 1990).

13　Lauren Smiley, "The Shut-In Economy," *Medium*, March 25, 2015, https:// medium.com/matter/the-shut-in-economy-ec3ec1294816.

14　请参阅汤姆·斯莱特关于我们自愿臣服于"小老弟"[*]的文章：Tom Slater, "Selfie-Surveillance: Who Needs Big Brother when We Constantly Film Ourselves?" *Spectator*, June 1, 2019, https://www.spectator.com.au/2019/06/selfie-surveillance-who-needs-big-brother-when-we-constantly-film-ourselves/。

---

[*]　与乔治·奥威尔的《1984》中的"老大哥"相对应，他永远正确，无所不能，无所不在，时时监控着每个人。指当下人们用自拍来主动接受监控。——编者注

15　*New York Times* obituary, August 3, 1955, 23.

16　John Ashbery, introduction to *The Collected Poems of Frank O'Hara*, ed. Donald Allen (Berkeley: University of California Press, 1971), vii.

17　关于科伯的生活和工作，我参考的叙述来自 Margalit Fox, *The Riddle of the Labyrinth: The Quest to Crack an Ancient Code* (New York: HarperCollins, 2013)。

18　请参阅 Ernst Kantorowicz, *Frederick the Second, 1194–1250*, trans. E. O. Lorimer (New York: Ungar, 1957)。

19　Victor Frankl, *Man's Search for Meaning* (Boston, MA: Beacon, 1959).

20　Kareem Shaheen and Ian Black, "Beheaded Syrian Scholar Refuses to Lead Isis to Hidden Palmyra Antiquities," *Guardian*, August 19, 2015, https://www.theguardian.com/world/2015/aug/18/isis-beheads-archaeologist-syria.

21　Simone Weil, "La vie syndicale: en marge du Comité d'études" [Trade union life: notes on the Committee for Instruction], L'Effort, December 19, 1931, cited in Simone Petrement, *Simone Weil: A Life*, trans. Raymond Rosenthal (New York: Pantheon, 1976), 87–88.

22　门德尔·努恩的博物馆，又称"锚之屋"，坐落在加利利的基布兹恩盖夫，现在仍可参观。门德尔·努恩的生平简介见 https://www.jerusalemperspective.com/author/mendel-nun/。

第一章　世界的避难所

1　本节内容的另一版本可见 "Freedom and Intellectual Life," *First Things*, April 7, 2016。

2　France: Les Films des Tournelles, 2009.

3　West Germany: Filmverlag der Autoren, 1974.

4　Plato, *Symposium* 174d–175b.

5　Plutarch, *Life of Marcellus* 19.

6　Valerius Maximus, *Memorable Deeds and Sayings* 8. 7.

7　Anonymous, *Dialogue between Mary and Joseph*, in Sebastian P. Brock, "Mary and the Angel, and Other Syriac Dialogue Poems," *Marianum* 68 (2006): 134.

8　Ambrose, *Concerning Virgins* II. 2. 10, trans. H. de Romestin, E. deRomestin, and H. T. F. Duckworth, in *Nicene and Post-Nicene Fathers, SecondSeries*, vol. 10, ed. Philip Schaff and Henry Wace (Buffalo, NY: Christian Literature, 1896). 这是我能找到的天使到来时马利亚在读书的最早形象。

9　Augustine, sermon 196.1, trans. Edmund Hill, OP, and John E. Rotelle,OSA, in *Sermons of St. Augustine*, vol. 6 (Hyde Park, NY: New City, 1990).

10　Augustine, sermon 191.4, trans. Hill and Rotelle, in *Sermons*, vol. 6.

11　译自爱因斯坦于 1919 年 12 月 12 日写给米歇尔·贝索的信，请参阅 W. Isaacson, *Einstein: His Life and Universe* (New York: Simon and Schuster, 2008), 78。

12　Einstein, *Autobiographical Notes*, in *Albert Einstein: Philosopher-Scientist*, ed. P. A. Schlipp (Lasalle, IL: Open Court, 1969), 1: 17–18.

13　此处依据的叙述来自 Albrecht Fölsing, *Albert Einstein: A Biography*, trans. Ewald Osers (New York: Viking, 1997), 70–112。

14　Maja Einstein, "Albert Einstein: A Biographical Sketch," in *The Collected Papers of Albert Einstein*, English Translation, trans. Anna Beck (Princeton, NJ: Princeton University Press, 1987), 1: xxii.

15　爱因斯坦和弗里茨·哈伯的生平故事及其友谊，请参阅 Fritz Stern, "Albert Einstein and Fritz Haber," in *Einstein's German World* (Princeton, NJ: Princeton University Press, 1999), 59–164。

16　爱因斯坦于 1915 年 4 月 10 日写给加利福尼亚州的海因里希·灿格的信，请参阅 *Einstein on Politics*, ed. David Rowe and Robert Schulman (Princeton, NJ: Princeton University Press, 2007), 67。

17　J. J. O'Connor and E. F. Robertson, "Andre Weil," MacTutor History of Mathematics archive, St. Andrews University, 2014, http://www-history.mcs.st-andrews.ac.uk/Biographies/Weil.html. 还可参阅佩特雷蒙特为西蒙娜·韦伊写的传记中对这些事件的叙述（没有讲述数学发现）：Petrement, *Simone Weil*, 366–372。

18　André Weil Writes from Rouen Prison," letter to Eveline Weil, MacTutor History of Mathematics archive, St. Andrews University, 2008, http://www-history.mcs.st-andrews.ac.uk/Extras/Weil_prison.html.

19　Translation by Manuel S. Almeida Rodriguez, in his "Some Notes on the Tragic Writing of Antonio Gramsci," *International Gramsci Journal* 1, no. 2(2010): 10. 有关葛兰西在狱中生活的记述，请参阅《狱中札记》：*Selections fromthe Prison Notebooks of Antonio Gramsci*, ed. and trans. Q. Hoare and G. N.Smith (New York: International, 1971), lxxxix–xciv。

20　Reported in Gramsci, *Prison Notebooks*, lxxxix.

21　我借鉴了 *The Autobiography of Malcolm X: As Told to Alex Haley* (New York: Ballantine Books, 1964)，细节方面的澄清和查证则参考自 Manning Marable, *Malcolm X: A Life of Reinvention* (New York: Viking, 2011)。

22　Malcolm X, *Autobiography*, 196.

23　马尔科姆·爱克斯于 1949 年 2 月 4 日写给菲尔伯特·利特尔

的信，转引自 Marable, *Malcolm X*, 92。

24　1950 年 11 月 14 日写给教士塞缪尔·L. 拉维斯康特的信，转引自 Marable, 95。

25　Malcolm X, *Autobiography*, 387.

26　证据可见 Marable, *Malcolm X*, 13, 433–34, and ch. 16。

27　Augustine, *On Free Will*, trans. Thomas Williams (Indianapolis: Hackett, 1993), 2. 16.

28　Augustine, *Confessions* 10. 8. 15. 所有英译部分都选自 *Confessions*, 2nd ed., trans. F. J. Sheed, ed. with notes by M. P. Foley (Indianapolis: Hackett, 2006)。

29　此处依据的叙述来自 Richard Holmes, *The Age of Wonder* (London: Harper, 2008), ch. 2 and 4。

30　有关歌德的生平和其科学实践的概况，Matthew Bell,*The Essential Goethe* (Princeton, NJ: Princeton University Press, 2016) 这本著作中搜集的材料及其绪论让我受益匪浅。

31　我对歌德植物学的理解得益于圣约翰学院的同事在 2015 年至 2017 年间在新生实验程序课程中讲授的内容。此外，我也从这两学年里与学生们就这本书进行的有益讨论中受益良多。

32　J. W. Goethe, *Italian Journey [1786–88]*, trans. W. H. Auden and Elizabeth Meyer (Berkeley, CA: North Point, 1982), 363.

33　正如《歌德自传：诗与真》所记载的那样，请参阅 *Truth and Poetry from My Own Life*, ed. Parke Godwin (London: George Bell, 1906), 2:210。

34　Bell, *Essential Goethe*, 1003.

35　Goethe, *Italian Journey*, 54.

36　请参阅 Hetty Saunders, *My House of Sky: The Life and Work of J. A.*

Baker (Toller Fratrum, UK: Little Toller Books, 2017)。

37　我要感谢 2019 年春季学期选了我的高级语言教程课的学生，他们对《游隼》一书进行过有益的讨论。

38　John Baker, *The Peregrine* (New York: New York Review Books, 2005), 14.

39　Baker, 50–51.

40　Baker, 12.

41　Baker, 132.

42　George Steiner, *Real Presences* (Chicago: University of Chicago Press, 1989), 8.

43　Primo Levi, *The Periodic Table*, trans. R. Rosenthal (London: Penguin, 2000), 35.

44　Yves Simon, "Freedom in Daily Life," in *Freedom and Community*, ed.Charles P. O'Donnell (New York: Fordham, 1968), 5.

45　请参阅 Harry Frankfurt, "On Bullshit," in his *The Importance of What We Care About* (Cambridge: Cambridge University Press, 1988), reprinted as *On Bullshit* (Princeton, NJ: Princeton University Press, 2005)。（另请参阅：哈里·法兰克福:《屁话考》，吴万伟译，爱思想，2005-02-22，http://www.aisixiang.com/data/5817.html。该书中文版请参阅：哈里·法兰克福:《论扯淡》，南方朔译，译林出版社 2008 年版）。

46　Simon, *Freedom and Community*, 5–6.

47　Finley Peter Dunne, "The Food We Eat," in *Dissertations* by Mr. Dooley (New York: Harper, 1906), 247–54.

48　Simone Petrement, "The Year of Factory Work," in *Simone Weil*, 235.

49　正如他非同寻常的回忆录所记载的那样，请参阅 *Black Like*

Me (New York: New American Library, 1960)。

50　Catherine Doherty, *Poustinia* (Notre Dame, IN: Ave Maria, 1975), ch. 2.

51　一个大有希望的复苏迹象是克里斯·阿纳德最近在努力为美国穷人中的最贫穷者服务，请参阅 Chris Arnade, *Dignity: Seeking Respect in Back Row America* (New York: Sentinel, 2019)。

52　Plato, *Apology* 28e, 32a–e, 30e–31b.

53　Saint John of the Cross, *The Ascent of Mount Carmel*, 3rd ed., ed. and trans. E. Allison Peers (Garden City, NY: Image, 1958), 1. 2–1. 3.

54　John of the Cross, *Ascent of Mount Carmel*, 1. 3. 4.

55　在马修·阿诺德的《诗歌研究》中讨论过，请参阅 Matthew Arnold, "The Study of Poetry," in *Essays in Criticism, Second Series* (London: Macmillan, 1888), 1–55。但是，更为广泛和深入的讨论或许在斯坦纳的《真实的临在》中，请参阅 Steiner, *Real Presences*。

56　Steiner, *Real Presences*.

57　Philip Roth, "Primo Levi," introduction to Levi, *Periodic Table*.

58　Irina Dumitrescu, "Poems in Prison: The Survival Strategies of RomanianPolitical Prisoners," in *Rumba under Fire: The Arts of Survival from West Point to Delhi*, ed. Dumitrescu (n. p.: Punctum Books, 2016), 15–30.

59　正如她在回忆录中所描述的那样，请参阅 *Grey Is the Color of Hope*, trans. A. Kojevnikov (London: Hodder and Stoughton, 1988)。

60　Louise Jury, "We Wrote a Letter to Yeltsin, and Then We Packed Our Bags," interview with Irina Ratushinskaya, *Independent* (London), June 6, 1999, http://www.independent.co.uk/arts-entertainment/we-wrote-a-letter-toyeltsin-and-then-we-packed-our-bags-1098401.html.

61　Quoted in Rose, *Intellectual Life*, 127.

62　Rose, 127.

63　Rose, 45.

64　W.E.B. Du Bois, *The Souls of Black Folk* (New York: Vintage/Library of America, 1990), 82.

65　Rose, *Intellectual Life*, 81.

66　Steiner, *Real Presences*, 12.

67　有关的案例研究，请参阅乔治·哈钦森最近对 20 世纪 40 年代美国文学的描述：George Hutchinson,*Facing the Abyss: American Literature and Culture inthe 1940s* (New York: Columbia University Press, 2018)。哈钦森认为，在那个时期，来自边缘化群体的作家们寻求的是让社会承认他们是人类。

68　José Maria Gironella, *The Cypresses Believe in God*, trans. H. de Onis (New York: Knopf, 1955).

69　关于霍尔斯坦尼乌斯与新教徒的地盘之争，请参阅 Nicholas Hardy, *Criticism and Confession: The Bible in the SeventeenthCentury Republic of Letters* (Oxford: Oxford University Press, 2017), 281–304。我很感激吉姆·汉金斯向我指出霍尔斯坦尼乌斯的例子。

70　这个奇闻趣事引自 F. J. M. Blom, "Lucas Holstenius (1596–1661) and England," in *Studies in Seventeenth Century English Literature: Festschrift for T. A. Birrell on the Occasion of HisSixtieth Birthday*, ed. G. A. M. Janssens and F. G. A. M. Aarts (Amsterdam: Editions Rotopi, 1984), 25–39。

第二章　失而复得的学习

1　柏拉图的《泰阿泰德篇》记录了泰勒斯跌落井中的故事，请参阅 Plato, *Theaetetus* 174a。更详细的分析请参阅 Hans Blumenberg,

The Laughter of the Thracian Woman, trans. Spencer Hawkins (New York: Bloomsbury, 2015)。榨油厂的故事出现在亚里士多德的《政治学》里，后来又出现在第欧根尼·拉尔修的《泰勒斯生平》中，请参阅 Aristotle, *Politics* 1, 1259a6–19, and Diogenes Laertius, *Life of Thales*, 26。

2 Plutarch, *Life of Marcellus* 14–17.

3 φροντιστήριον 一词的翻译得益于艾比·斯图尔特。

4 Aristophanes, *Clouds* 229–30.

5 Plato, *Republic* 369b–374d.

6 《理想国》第五卷末尾；前面的第二卷和第三卷教育的部分，以及对主要法律的概述。

7 Pierre Bourdieu, *Distinction: A Social Critique of the Judgement of Taste*, trans. Richard Nice (Cambridge, MA: Harvard University Press, 1984).

8 Rose, *Intellectual Life*, 137–38.

9 Rose, 143–44.

10 Martin, *Born Standing Up*, 64–65.

11 Muriel Barbery, *The Elegance of the Hedgehog*, trans. Alison Anderson (New York: Europa editions, 2008).

12 按问号的数量统计出来的，请参阅 James J. O'Donnell, *Augustine, Confessions: Commentary on Books 1–7* (Oxford: Clarendon, 1992), 20。

13 正如彼得·布朗所强调的那样，请参阅 Peter Brown, *Augustine of Hippo* (Berkeley: University of California, 1967), 169–72。布朗的书在很多方面让我受益良多。

14 Augustine, *Confessions* 3. 4. 8.

15 Augustine 3. 12. 21.

16 Augustine 5. 3. 3–5. 7. 13.

17 Augustine 6. 3. 3.

18　Augustine 7. 9. 13.

19　请见布朗描绘的非凡场景：Brown, *Augustine of Hippo*, ch.14, 138–39。

20　Augustine, *Confessions* 10. 35. 54.

21　Augustine 6. 8. 13.

22　Simon, *Freedom and Community*, 3–4.

23　Augustine, *Confessions* 10. 35. 55.

24　Augustine, *On Order (de Ordine)*, trans. S. Borruso (South Bend, IN: St. Augustine's Press, 2007), 1. 8. 26.

25　Augustine, *Confessions* 3. 10. 18. 请参阅哈克特出版社出版的《忏悔录》中 M. P. 弗利的评注。

26　Augustine 10.23.33.

27　Augustine, *City of God* 22.12–20.

28　这是奥古斯丁自己在《忏悔录》3. 2. 4 中的比喻："这就是我喜欢忧伤的原因，不是我想被忧伤缠住（我并不希望我所看到的忧伤发生在我自己身上），而是忧伤就像指甲一样，挠破皮肤之后，就会造成肿胀发炎，溃疡流脓。这就是我的生活，但是，我的上帝啊，这是生活吗？"

29　Augustine 4. 4. 9.

30　Augustine 3. 2. 4.

31　Augustine 2. 4. 9–2. 10. 18.

32　Dante, *Inferno* 26. 85–142.

33　Dante 26. 112–17; see also 98.

34　区分最明显之处或许是《论信仰的有用性》9. 22。奥古斯丁还在《论三位一体》10. 1. 3 的难懂段落中区分了"好奇"和"好学"。正是这后一段的说法，即好奇者"想知道一切"，启发了保罗·格里菲斯在其所著的《神学语法》中对误入歧途的知识欲的解释，请参阅 Paul Griffiths, *Intellectual Appetite: A Theological Grammar* (Washington, DC: Catholic University Press, 2009)。格里菲斯是在描述基督徒的好学，我则是在描述这种好学的天性，我认为（我想奥古斯丁也同意）这种爱学习的天性是基督徒和非基督徒都有的。因此，我对好学的看法比格里菲斯更加乐观。不过，能有其他人发现这些问题值得深思熟虑和彻底探究，还是让我感到欣慰和鼓舞。

35　Raïssa Maritain, *We Have Been Friends Together*, trans. Julie Kernan (New York: Longmans, Green, 1942), 72–78.

36　Augustine, *Confessions* 10. 23. 33. 斯蒂芬·曼恩的文章使我接下来的论述（以及有关猎奇的论述）受益甚多：Stephen Menn, "The Desire for God and the Aporetic Method in Augustine's *Confessions*," in *Augustine's Confessions: Philosophy in Autobiography*, ed. W. E. Mann (Oxford: Oxford University Press, 2014), 72–107。我宣称，奥古斯丁并不打算通过谴责猎奇来谴责自由运用头脑，这是我自己的观点，不太寻常；我不清楚曼恩是否赞同这个说法。

37　非常感谢本笃会的让·查理斯·诺尔特的精彩讨论，请参阅 Jean-Charles Nault, OSB, *The Noonday Devil: Acedia, the Unnamed Evil of Our Times* (San Francisco: Ignatius, 2013)。

38　Thomas Aquinas, *On Evil*, trans. Jean Oesterle (Notre Dame, IN: University of Notre Dame Press, 1995), qu. 11, art. 4. 托马斯引用亚里士多德的观点，认为人类无法长期忍受痛苦，请参阅 *Nicomachean Ethics* 8. 6, 1158a 23–24。

39　Elena Ferrante, *My Brilliant Friend*, trans. Ann Goldstein (New York: Europa, 2012), 47.

40　Ferrante, 79, 104, 119, 163, 198, 276.

41　Ferrante, 325.

42　Ferrante, 277.

43　Ferrante, 25.

44　Ferrante, 106.

45　Elena Ferrante, *The Story of a New Name*, trans. Ann Goldstein (New York: Europa, 2013), 15.

46　Elena Ferrante, *The Story of the Lost Child*, trans. Ann Goldstein (New York: Europa, 2015), 402–3.

47　Ferrante, *Story of a New Name*, 89.

48　Ferrante, *The Story of a New Name*, 443.

49　Elena Ferrante, *Those Who Leave and Those Who Stay*, trans. Ann Goldstein (New York: Europa, 2014), 53. 强调处为我所加。

50　Ferrante, *My Brilliant Friend*, 312.

51　Ferrante, *Story of a New Name*, 267.

52　Ferrante, *My Brilliant Friend*, 261.

第三章　无用之用

1　Ferrante, *Story of a New Name*, 133–34.

2　Ferrante, 162–63.

3　Ferrante, 409.

4　Ferrante, 409–10.

5　Petrement, "Year of Factory Work," 257.

6　Petrement, 258–59.

7　USA: Paramount, 1941. 本节以及随后的《内在世界的用途》与《自由和志向》两节的主要内容均出现在拙文《智识工作为何重要》中，请参阅"Why Intellectual Work Matters," *Modern Age*, Summer 2017。

8 我要感谢艾琳·格拉姆尚未发表的关于多萝西·戴的阅读历程的文章,通过它我看到了多萝西·戴与我的工作的关系,以及广泛的阅读对多萝西·戴的重要意义。

9 Robert Coles, introduction to *The Long Loneliness*, by Dorothy Day (San Francisco: Harper San Francisco, 1997), 4.

10 Dorothy Day, *From Union Square to Rome* (Maryknoll, NY: Orbis, 2006), 35.

11 Day, 37.

12 Day, 128–29.

13 Saint John of the Cross, *Living Flame of Love*, ed. and trans. E. Allison Peers (Garden City, NY: Image, 1962), sec. 17, 94–95.

14 Day, *From Union Square*, 4; cf. *Long Loneliness*, 255.

15 Day, *From Union Square*, 8.

16 Day, *From Union Square*, 8.

17 Day, *Long Loneliness*, 93.

18 Day, *From Union Square*, 125.

19 Day, *Long Loneliness*, 88.

20 Day, *From Union Square*, 18.

21 Quoted in Day, *From Union Square*, 94, 106; cf. *Long Loneliness*, 101–2.

22 Day, *From Union Square*, 11.

23 Day, *From Union Square*, 140; *Long Loneliness*, 142.

24 William James, *The Varieties of Religious Experience* (New York: Library of America, 2009).

25 Quoted in Rose, *Intellectual Life*, 21.

26 Quoted in Rose, 54.

27　Albert Schweitzer, *Out of My Life and Thought* (New York: Henry Holt, 1949), 91–92.

28　Daniel David Luckenbill, *The Annals of Sennacherib* (Chicago: University of Chicago, 1924), 1. 书中可能有些让人感觉不太妙的用语——比如"东方专制"或"东方"等笼统说法，但仍能在不使用陈词滥调或议程驱动的刻板印象的情况下探讨人性问题。

29　据我所知，克鲁尼并没有说过这种话。这是我编造的（正如我的上一段"引言"那样），我这样做无意伤害他。

30　"Data Snapshot: Contingent Faculty in US Higher Ed," American Association of University Professors, n.d. (accessed June 3, 2019), https://www.aaup.org/sites/default/files/10112018%20Data%20Snapshot%20Tenure.pdf.